读
快活
慢

陪 伴 女 性 终 身 成 长

爱上葡萄酒

[日]Tamy 著

陈昕璐 译

江苏凤凰文艺出版社
JIANGSU PHOENIX LITERATURE AND
ART PUBLISHING

前　言

一切皆为遇见更好的葡萄酒

二十多岁的时候，我在一家葡萄酒教室工作，教室在一座能看到海的小山丘上。这家教室是由德国葡萄酒进口商经营的，讲师是一位侍酒师，我担任他的助手，有时会同他一起去采购葡萄酒，这也是我的工作内容之一。实地拜访德国葡萄酒生产商的那段日子里，我参观了不少葡萄园和酿酒工厂，还品尝到了各种各样的葡萄酒。

在全世界葡萄酒的产地中，德国地处北边，属于气候寒冷的地带，受地理环境的影响，即使在平坦的土地上开辟葡萄园，也种植不出优质的葡萄。但德国人充分利用河面反射的太阳光，将葡萄种植在机器都上不去的陡峭的斜坡上。在如此艰苦的环境中培育葡萄，他们不得不花费更多的心血和精力，在这里酿制出的葡萄酒可以称得上是上苍和大地的恩惠了。德国的葡萄酒凝聚了生产者无限的心血和爱，一想到自己曾品尝过这样的酒就让我心潮翻涌，满是感动和喜悦。

后来，我结婚之后就离职了。因为我先生的工作经常调动，我跟着他辗转过许多地方，同时还要忙着照顾孩子。但那段时间里我对葡萄酒的热情并未褪去，等不再需要花费大量精力照顾孩子后，我就以学生的身份去葡萄酒学校学习。我希望能够取得日本侍酒师协会认定的"品酒师资格证"，上课学习的那段时光让我觉得非常充实且有意义。幸运的是我顺利通过了考试，并成功拿到了憧憬已久的金葡萄徽章，那一刻我兴奋得几乎要手舞足蹈起来。后来，当我正式取得品酒师资格证，回头再看那时的自己，我深深地感受到自己其实才只是站在了葡萄酒世界的入口，前面还有很长的路等着我去探索。我当时想，如果在餐厅或葡萄酒专卖店工作，就能充分利用所学的知识。但那时的我是一名家庭主妇，只能利用所学的葡萄酒知识买一些自己喜欢的葡萄酒享用而已。

取得品酒师资格证后，我很快怀了二胎，这让我再次远离了葡萄酒世界。但我并不想就此放弃葡萄酒事业，我开始每天在社交平台上分享手绘日记。我很喜欢美食和饮品，也想让更多的人看到我手绘美食的图片，后来我还增加了很多菜肴和葡萄酒的内容。我与所有葡萄酒爱好者一样，非常享受葡萄酒带给我的乐趣，也想更加深入地了解葡萄酒的美妙世界。

可能有人会认为葡萄酒与日常生活相距甚远，到现在，甚至还有人会觉得葡萄酒是特殊日子在餐厅里才会享用的饮品。但如果因为"很难懂、门槛高"等原因就放弃享用葡萄酒,那就太可惜了。其实完全可以在家里搭配着自己亲手做的菜肴,惬意地享用葡萄酒。偶尔奢侈地品尝一下波尔多或勃艮第等高品质的葡萄酒也未尝不可。如果你想更进一步地了解葡萄酒,那就与美味的葡萄酒"相遇"吧。当你遇到生产者倾注热情酿造的葡萄酒,以及与之相得益彰的菜肴的时候,葡萄酒的世界将会在你的眼前完全呈现。

本书在介绍葡萄酒入门知识的同时,还汇集了一些必备的进阶知识,帮助你更加愉快地享用葡萄酒。对于不太容易理解的内容,我也专门用插图做了清晰明了的解说。如果因为这本书,你找到了日常生活中属于自己的那杯葡萄酒,那将是我最大的荣幸。

Tamy

目 录
Contents

Chapter 1
葡萄酒的基础知识

Chapter 2

如何挑选葡萄酒

Chapter 3

搭配不同葡萄酒的美味菜肴

葡萄酒的基础知识

酒标

如何读懂葡萄酒的酒标

新世界葡萄酒① 标记葡萄品种，旧世界葡萄酒② 标记产地

玛歌酒庄

拉图尔酒庄

罗曼尼·康帝

唐培里侬

注：①以美国、澳大利亚为代表，包括南非、智利、阿根廷、新西兰等国家生产的葡萄酒被称为新世界葡萄酒。
②以法国、意大利为代表，包括西班牙、葡萄牙、德国、奥地利、匈牙利等国家生产的葡萄酒被称为旧世界葡萄酒。

到葡萄酒专卖店逛一逛，就会看到各式各样的酒标。酒标又被称为"葡萄酒的身份证"，记录着与葡萄酒相关的各种信息，比如产地、生产年份等。通过酒标，人们就能知道这是一款什么样的葡萄酒，真是一件非常有趣的事情。

美国、智利等国家生产的葡萄酒被称为"新世界"葡萄酒，这些国家葡萄酒的酒标非常简明。新世界的葡萄酒大多数都是使用单一葡萄品种（原材料只有一种葡萄）酿制而成的，酒标上会大大地写着葡萄的品种名，比如赤霞珠（Cabernet Sauvignon）、霞多丽（Chardonnay）等，这样更容易想象出葡萄酒的味道。酒标上的信息量较少时，反而能更快了解到这是一款什么样的葡萄酒。

法国、意大利等欧洲国家生产的葡萄酒被称为"旧世界"葡萄酒，欧洲葡萄酒的酒标就复杂得多。每个国家和产地都有各种规定，并且限制葡萄品种在酒标上的使用，因此酒标上几乎不会标明葡萄品种。在法国波尔多，大多数酒标上都会将酒庄（酿酒厂）的名称作为葡萄酒的名字，比如玛歌酒庄（Chateau Margaux）、拉图尔酒庄（Chateau Latour）等。而在法国勃艮第地区，则会将产地名、葡萄园的名称作为葡萄酒的名字，比如罗曼尼·康帝（La Romanee-Conti）、夏布利（Chablis）等。

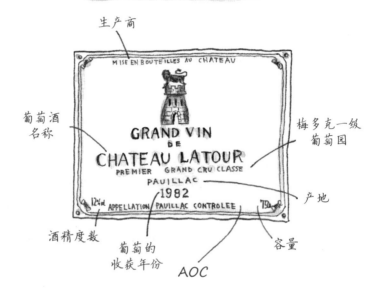

旧世界酒标(例:波尔多葡萄酒)

生产商

MISE EN BOUTEILLES AU CHATEAU

葡萄酒
名称

GRAND VIN
DE
CHATEAU LATOUR
PREMIER GRAND CRU CLASSE
PAUILLAC
1982
12%vol APPELLATION PAUILLAC CONTROLEE 750ml

梅多克一级
葡萄园

产地

酒精度数

葡萄的
收获年份

AOC

容量

此外,酒标上还有葡萄酒等级的品质标识,只有达到了一定标准才可以划入这个等级,评级参照法国的"AOC(现在是AOP)"、意大利的"DOCG"等制度。新世界国家也有这种葡萄酒等级制度。以法国的AOC体系来举例,AOC是法语"Appellation d'Origine Controlee"的缩写,中间的"d'Origine"会替换成产地名,表示这款葡萄酒使用了该地区采摘的葡萄。更高级的葡萄酒原产地控制范围更小,葡萄酒产量更低,对葡萄酒的品质要求更高。

新世界酒标（例·加利福尼亚葡萄酒）

珍藏
橡木桶熟成

酒庄名

葡萄的
收获年份

产地

葡萄品种

德国最高等级的葡萄酒是"QmP（Qualitatswein mit Pradikat）"，这个等级是按照葡萄的含糖量划分的，含糖量越高等级越高。有趣的是，如果是甜型葡萄酒，酒标上会标明"Trocken"；如果是半甜型葡萄酒，酒标上则会标明"Halbtrocken"。只要看一下酒标，就能知道这款葡萄酒的味道了。

不同的国家，酒标的内容也不同，亲自到葡萄酒专卖店比照着看一看，会发现很多乐趣呢！

勃艮第地区
（地区级）AOC

GRAND VIN DE BOURGOGNE

COTEAUX BOURGUIGNONS

Appellation Coteaux Bourguignons Controlee

2015

MISE EN BOUTEILLE AU DOMAINE

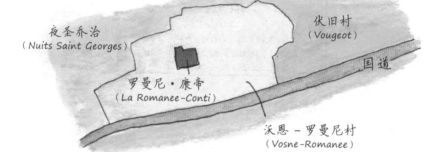

夜圣乔治
（Nuits Saint Georges）

伏旧村
（Vougeot）

罗曼尼·康帝
（La Romanee-Conti）

国道

沃恩－罗曼尼村
（Vosne-Romanee）

沃恩－罗曼尼
原产地命名

沃恩－罗曼尼村
（村庄名）AOC

PRODUCE OF FRANCE

1989

VOSNE - ROMANÉE
1 er CRU

12.5%vol   750ml

APPELLATION VOSNE ROMANÉE CONTROLEE

罗曼尼·康帝
原产地命名

罗曼尼·康帝
（特级葡萄园）AOC

PROPRIETAIRE A VOSNE - ROMANEE (COTE-D'OR)

ROMANÉE-CONTI
APPELLATION ROMANÉE - CONTI CONTROLEE
3.575 Bouteilles Récoltées

BOUTEILLE N. 01245   ⟨signature⟩
ANNÉE 2003
Mise en bouteille au domaine

会有人因为酒标好看买葡萄酒吗

　　我之前在德国葡萄酒公司工作的时候，接到了一项给葡萄酒酒标画插画的任务。我用心形的元素画了一幅充满幸福感的插画，这款酒也因此成为受人欢迎的礼物。

　　后来公司打算把这幅插画原封不动地卖给另一家德国葡萄酒厂家，不料却遭到了对方的拒绝。对方的态度非常明确，自己生产的葡萄酒品质很高，酒标就是葡萄酒的"第一印象"，绝不可能拿一个别人用过的酒标来敷衍了事。

　　当时被拒绝，我是有些失落的，但是我内心感受到了酿造者对葡萄酒的责任和用心，也更喜欢那个品牌的葡萄酒了。

　　酒标设计得精致漂亮，可能会让喝葡萄酒的人觉得酒也更加美味了。自从那次经历以后，我便意识到因为酒标设计得好看而买葡萄酒，也不失为一种有趣的选购方式。

不同葡萄酒最适合的酒瓶

产地与规格不同，酒瓶的形状和名称也不同

勃艮第瓶

溜肩

波尔多瓶

牛肩

摩泽尔瓶

香槟瓶

独特的厚壁设计是为了增加酒瓶的抗压力。

巴克斯波以透瓶

德国弗兰肯地区

蜜桃红、桃红葡萄酒等。

甜品酒

贵腐葡萄酒或冰酒等。规格多为350ml或500ml。

8

不同的产地，葡萄酒瓶的形状也各有特点，其中最具代表性的就是"耸肩"的波尔多瓶。法国波尔多的主要葡萄品种赤霞珠、梅洛酿造的葡萄酒，不管在世界上哪个国家，都使用波尔多瓶。

与之相对的是"溜肩"的勃艮第瓶。法国勃艮第的主要葡萄品种黑皮诺、霞多丽酿造的葡萄酒，几乎都使用勃艮第瓶。

因为葡萄酒遇光易氧化，所以红葡萄酒瓶基本都使用深色酒瓶。而白葡萄酒则根据熟成类型和产地，使用淡绿色或茶色的酒瓶。透明酒瓶里的葡萄酒需要趁着新鲜赶快喝掉，不能久存。

每种酒瓶的标准规格都是750ml，半瓶为375ml。不同款式的酒瓶，每种规格都有各自的名称。比如同样都是容量3L的酒瓶，在波尔多产品和香槟产品中，分别叫作耶罗波安瓶和双倍马格南瓶。同样的规格名字却不同，这点也非常有意思。

你可能会觉得越大瓶的酒越划算，但葡萄酒却正好相反。一般来说大酒瓶更稀有，价格也更贵。大酒瓶的葡萄酒接触空气的面积小，与正常规格相比，大瓶葡萄酒的熟成更缓慢，也更加美味。但这主要是指波尔多等熟成型的葡萄酒。很多日常餐酒使用的都是马格南瓶（1.5L），这种酒的性价比也最高。

标准瓶

波尔多地区
Bordeaux

6L	4.5L	3L	1.5L	750ml	375ml
皇室瓶	耶罗波安瓶	双倍马格南瓶	马格南瓶	标准瓶	半瓶

香槟地区
Champagne

    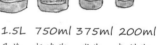

6L	4.5L	3L	1.5L	750ml	375ml	200ml
玛士撒拉瓶	犹太王瓶/罗波安瓶	耶罗波安瓶	马格南瓶	标准瓶	半瓶	夸脱瓶

酒瓶的规格和名称

	酒瓶的规格	名　称
波尔多地区	1/4 瓶（200ml）	———
	1/2 瓶（375ml）	半瓶
	1 瓶（750ml）	标准瓶
	2 瓶（1.5L）	马格南瓶
	4 瓶（3L）	双倍马格南瓶
	6 瓶（4.5L）	耶罗波安瓶
	8 瓶（6L）	皇室瓶
	12 瓶（9L）	———
	24 瓶（18L）	光之王瓶
香槟地区	1/4 瓶（200ml）	夸脱瓶
	1/2 瓶（375ml）	半瓶
	1 瓶（750ml）	标准瓶
	2 瓶（1.5L）	马格南瓶
	4 瓶（3L）	耶罗波安瓶
	6 瓶（4.5L）	犹太王瓶 / 罗波安瓶
	8 瓶（6L）	玛土撒拉瓶
	12 瓶（9L）	亚述王瓶
	24 瓶（18L）	———

酒塞

帮助葡萄酒熟成的软木塞

越是陈年存放的葡萄酒，酒塞越长

天然软木塞

陈年熟成的葡萄酒，软木塞很长。

普通的软木塞，较短。

起泡葡萄酒的酒塞

压住酒塞的铁丝。

本来是这种形状，用铁丝挤压后变成"蘑菇塞"。

复合塞

合成塞

螺旋盖

皇冠塞（也叫香槟塞）

常用于起泡酒的密封。

大多数软木塞都是用栎树的树皮加工而成的。这种酒塞富有弹性，具有不透水、微透气的特点，十分适合葡萄酒的陈年存放。为了陈年熟成，越高级的葡萄酒，软木塞就会越长。

　　天然软木塞是用植物制成的，所以免不了会被细菌污染。甚至在极少数的情况下，用来给软木塞消毒的氯气会与瓶塞产生化学反应，出现软木塞污染的情况，导致葡萄酒变质。在餐厅中进行的葡萄酒品鉴也是为了确认软木塞有没有被污染或者葡萄酒是否变质，以及葡萄酒的品质是否仍然完好。

　　除了天然软木塞之外，还有压挤软木碎屑加工而成的复合塞、硅树脂等合成的合成塞，以及被广泛使用的螺旋盖等。这些酒塞最大的优点是没有被污染的风险，还可以降低成本。特别是螺旋盖，它的密封性很强，而且不受空气湿度的影响，不用开瓶器就能轻松打开，也越来越受消费者欢迎。

酒杯会影响葡萄酒的口感和香气

合适的酒杯能充分展现出葡萄酒的品质

红葡萄酒酒杯

勃艮第葡萄酒杯
（大肚球形）

波尔多葡萄酒杯
（郁金香形）

白葡萄酒酒杯

适合霞多丽等浓郁型
白葡萄酒

适合普通白葡萄酒

使用的酒杯不同，葡萄酒的香气和味道也会发生很大变化。如果你喜欢喝葡萄酒，一定要收集不同的酒杯。

为了方便看清葡萄酒的颜色，酒杯最好是无色透明的，而且不要有杯把或者凹凸不平的地方。最理想的酒杯是小杯口的郁金香形酒杯，可以防止香气扩散。酒杯口杯壁越薄，葡萄酒越能顺滑地流入口中，口感也会更好。

酒杯有很多种类，红葡萄酒、白葡萄酒、起泡酒、甜品酒和强化葡萄酒等，酒的品类不同所用的酒杯也不同。不同的酒杯生产商，又会按照葡萄品种或产地不同生产不同的酒杯。所以无论你多么喜欢葡萄酒，想把所有类型的酒杯都收集齐也不太现实。如果一开始不知道买哪种酒杯，就先买一只带杯脚的郁金香形酒杯，郁金香形酒杯适用于很多品类的葡萄酒，非常方便好用。

具体来讲，不同的葡萄酒分别适合搭配哪种酒杯呢？像法国波尔多和勃艮第等产地的熟成型红葡萄酒，会固定搭配大肚球形酒杯。这种容积较大的酒杯更容易让酒体接触空气并发生氧化，葡萄酒的香气散发出来，能让品酒者充分感受葡萄酒的香气。需要冰镇后饮用的白葡萄酒为了能保证低温饮用，最好选用稍小一点的酒杯。起泡酒最好选择杯身细长、能观察气泡缓缓上升的笛形香槟杯，这种酒杯的造型也很精致。聚会上经常使用的碟形香槟杯，杯底很浅且杯口大，但是这种酒杯很容易让葡萄酒的香气

起泡葡萄酒专用酒杯

蝶形香槟杯

大多是细
长形酒杯

小酒杯

笛形香槟杯

平底气球形无脚杯

优雅精致的设计，
可以看到气泡缓
缓上升。

挥发掉，不适合用来喝葡萄酒。酒精度数高的强化葡萄酒主要使用
小型酒杯。平底气球形无脚杯最适合饮用日常餐酒，不用太过在意
酒的温度，可以更加自由惬意地享用葡萄酒。而且外形时尚，有不
易倒、不易破裂的特点，即使家里有小孩也能放心使用。

葡萄酒酒杯有很多品牌。我特别推荐的是奥地利著名品牌
"力多（Riedel）"，这也是情侣们钟爱的葡萄酒酒杯品牌。正
如前面所提到的，即使是同一种葡萄酒，用形状不同的酒杯品
尝，香气和口味也会发生变化。正是注意到了这一点，力多为每

力多酒杯（奥地利）

纤细、精致。

肖特圣维莎酒杯（德国）

款式时尚、
耐磨性强。

一种葡萄酒都设计出了理想型的酒杯。

　　德国酒杯品牌"肖特圣维莎（Schott Zwiesel）"的特点是结实、耐磨性强。许多酒店、航空公司都使用了该品牌的酒杯。这个品牌的酒杯设计雅致、简约，适用于各种场合，这也是该品牌备受欢迎的原因。不管是哪一款酒杯，该品牌都有机器生产和工匠手工制作两种类型的酒杯。

　　用漂亮的酒杯品酒能让人变得优雅、惬意，我希望大家在品尝美酒的时候一定要尝试使用不同类型的酒杯。但是杯壁较薄的高脚杯在清洗时容易破损，考虑到这一点，我推荐大家平时在家使用ISO标准品酒杯，即"INAO杯"。这款酒杯通过了法国国家原产地名称局（Institut National des Appellations d'Origine，简称INAO）的认定。葡萄酒学院和侍酒师资格考试使用的也是这款酒杯，它是最能展现葡萄酒色泽、香气和口感的酒杯。这款酒杯在全世界被广泛推荐，而且价格便宜，在家也能使用。

法国国家原产地名称局
Institut National des Appellations d'Origine

INAO 杯

什么是 INAO 杯？
INAO 是对葡萄酒 AOP（以前是 AOC）体系进行管理、维护的政府机构，INAO 杯是指经过法国政府机构 INAO 认证的品酒专用酒杯。符合 ISO 标准。

什么是 ISO 标准？
ISO 标准是由国际标准化组织（International Organization for Standardization）制定的标准，该组织位于瑞士日内瓦。

工具

常见的葡萄酒工具

享用葡萄酒时必不可少的工具

海马刀开瓶器

上面有蜜蜂标记

拉吉奥乐城堡酒刀

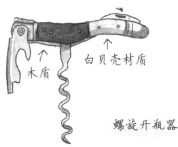

↑
木质

↑
白贝壳材质

螺旋开瓶器

翼型开瓶器

T型开瓶器

AHSO 开瓶器

20

虽然现在螺旋盖在全世界的使用量在不断增加，但是软木塞仍然是葡萄酒酒瓶盖的主角，尤其是在波尔多、勃艮第这些著名的葡萄酒产地。如果是因为软木塞不好开，而觉得喝葡萄酒的"门槛太高了"就真的太可惜了。其实，只需要准备一个好用的开瓶器，就能轻易地打开一瓶葡萄酒。

常用的葡萄酒开瓶器有T型开瓶器、海马刀开瓶器（也叫"侍者之友"开瓶器）、翼型开瓶器、螺旋开瓶器、AHSO开瓶器（不用插入软木塞中，直接将瓶塞拔出）等。下文我会简单介绍一下不同开瓶器各自的特点。

海马刀开瓶器主要由两部分组成：用来开软木塞的螺旋锥和用来割开瓶封的小刀。在餐厅或酒吧喝葡萄酒时，看到侍酒师用海马刀开瓶仿佛是一种仪式感，令人兴奋又激动。法国的"拉吉奥乐城堡酒刀"十分有名，刀的手柄部位使用了木质和水牛角材质，单看就是一款精致的工艺品。但是想要熟练地使用海马刀还需要一些技巧，并不适合新手。关于海马刀开瓶器的具体使用方法，请参考第24页的图示内容。

螺旋开瓶器的使用方法

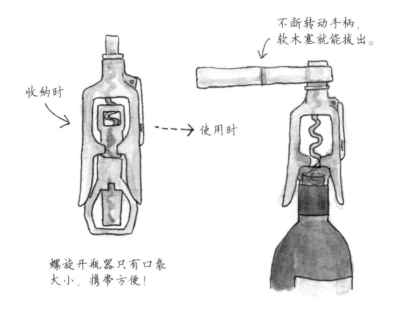

收纳时 → 使用时

不断转动手柄,
软木塞就能拔出。

螺旋开瓶器只有口袋
大小，携带方便！

推荐大家使用螺旋开瓶器，实用又简单。剥去酒瓶胶帽后，把螺旋锥扎进软木塞中，旋转上面的手柄就可以打开瓶塞了。20年前，我在德国酿酒厂看到他们当地人都使用螺旋开瓶器，就在那里买了一个，直到现在，我家里还在使用这个开瓶器。

酒杯和开瓶器都备齐了，接下来该准备冰桶和醒酒器了。冰桶是冰镇白葡萄酒和起泡酒时使用的容器。有时候放在餐桌上也能当作摆设，可以营造出清爽的气氛。在家里使用不锈钢冰桶或

醒酒器

冰镇桶

大多为有机玻璃材质、塑料
材质或不锈钢材质。

者塑料冰桶十分方便，我非常推荐。

　　陈年红葡萄酒的酒瓶内会形成沉淀物，用醒酒器换瓶可以把沉
淀物留在瓶底。在换瓶的时候，葡萄酒会和空气接触、混合，释放
出封闭葡萄酒的香气，从而保留葡萄酒滑润芳香的纯正口感。

　　当备齐了这些工具，是不是感觉自己有点葡萄酒专家的架势
了呢!

海马刀开瓶器的使用方法

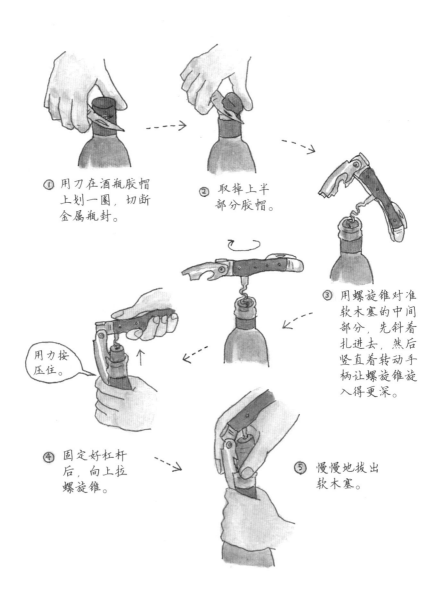

① 用刀在酒瓶胶帽上划一圈，切断金属瓶封。

② 取掉上半部分胶帽。

③ 用螺旋锥对准软木塞的中间部分，先斜着扎进去，然后竖直着转动手柄让螺旋锥旋入得更深。

用力按压住。

④ 固定好杠杆后，向上拉螺旋锥。

⑤ 慢慢地拔出软木塞。

开瓶过程中软木塞断了，该怎么办

　　如果还没用习惯开瓶器，开瓶的时候可能会出现软木塞折断的情况。这时候就要用海马刀开瓶器或T型开瓶器的螺旋锥轻轻地扎在断开的软木塞上，然后旋入软木塞里，再慢慢地将软木塞拔出。如果还是取不出来，就把断的那部分软木塞慢慢地往下推，让它掉在酒瓶里。但是之后需要把葡萄酒倒入醒酒器中换瓶，以防木塞碎屑落入酒杯里。另外，咖啡滤纸或者茶滤网也可以过滤掉碎木屑。

如果软木塞断了，用螺旋锥扎入木塞中然后拔出。

也可以将断木塞推入瓶中。

购买场所

哪里能够买到美味的葡萄酒

不同商店的葡萄酒的品质有区别吗？

26

葡萄酒是可以不断熟成的饮品。如果你去酿酒厂看看，就会发现装瓶的葡萄酒被静置在阴凉潮湿的地下室中。如果要购买高级葡萄酒，就要保证葡萄酒的品质管理是合格的。如果是日常餐酒，倒是不需要考虑那么多。不管在哪里购买，最好都选择商品周转快的店铺。

◍ 超市或便利店

· 这些地方大批量进货，价格会相对便宜一些。

· 可以发现一些价格便宜的小众品牌的葡萄酒。

· 因为葡萄酒是摆放在货架上的，如果放置的时间过长，品质难免会打折扣。

· 没有导购员提供建议，需要根据酒标上的信息来选购。

· 不管从哪个方面来看，超市或便利店的葡萄酒都更适合作为日常餐酒饮用，而不适合作为礼物送人。

◍ 葡萄酒专卖店

· 店员对葡萄酒很了解，可以为你提供专业的购买建议。

· 葡萄酒的品质管理相对到位，购买高价葡萄酒时建议选择专卖店。

· 很多专卖店都可以试饮，可以先了解一下口味再买。

· 专卖店数量有限，可能家附近没有。

· 对新手来说，在专卖店挑选葡萄酒的难度有点大。

◈ 网店

· 可以轻松下单。

· 可以直接把葡萄酒送到家里。

· 网店按类别进行分类，选购时更方便。比如，红葡萄酒、白葡萄酒，干型葡萄酒、甜型葡萄酒，国家、产区等大类。

· 看不到葡萄酒的存放环境，品质不能保证。

· 如果是夏季，必须要考虑是否使用冷链运输。

其实，在家附近的超市也能买到高品质的葡萄酒。特别是一些卖进口食品的超市。像开市客 (Costco)、成城石井①等，价格适中、产品种类也很丰富，最适合选购日常餐酒。

开市客 (Costco)

这是总部在美国的连锁会员制超市，这里能提供给会员最低

注：①日本的高级超市。

价格、最高品质的葡萄酒，非常吸引人。尤其是波尔多、勃艮第地区的葡萄酒，价格档次多、种类丰富。"柯克兰"牌葡萄酒不仅有美国加州产的，还有法国、意大利和阿根廷产的。这款葡萄酒的价格只要一千多日元（折合人民币约六十多元），性价比很高。开市客的运营模式是大批量采购然后清库，所以这里的葡萄酒的日期很新，总让人忍不住买了又买。更吸引我的是周末的葡萄酒试饮活动。目前中国也开了好几家开市客，有机会大家不妨去一逛逛。

成城石井

旧世界和新世界主要产国的葡萄酒基本上都有。一般商品介绍上也详细写着葡萄酒的类型和口味，这点我很喜欢。而且，波尔多、勃艮第等法国葡萄酒有许多款酒都很平价。起泡酒也很不错，从产自香槟地区的成箱的高级起泡酒，到价格适中的"西班牙起泡酒（Cava）""意大利起泡酒（Spumante）"，酒款种类齐全、选择范围广。而且，这里还有半瓶装葡萄酒，还能买到佐酒芝士、下酒菜，到家就能立刻享用。超市里还提供礼物包装服务，买来的葡萄酒还可以作为礼物送人。

咖乐迪咖啡农场 (Kaldi coffee farm)

咖乐迪咖啡农场汇集着全世界的葡萄酒，产自意大利、法国、西班牙、德国、智利、阿根廷等国家。货架前面的纸箱里摆放的都是一千日元（折合人民币约六十元）以下的葡萄酒，价格非常亲民。最推荐的是产自美国加州的葡萄酒"木桥（Red Wood，750ml）"，有红葡萄酒和白葡萄酒两种，都很美味，名副其实的物美价廉。店里还有很多和葡萄酒搭配的食材，比如比萨面饼、意大利面、生火腿、芝士等，在这里可以一站式购齐，非常方便。

提供礼品包装服务，可以当作礼物
赠送，这项服务很贴心。

摆放位置显眼的葡萄酒性价比非常
高，流通很快，日期新鲜，可以多
加留意。

不同葡萄酒的最佳饮用温度

为了让葡萄酒更好喝，需要了解不同葡萄酒的最佳饮用温度

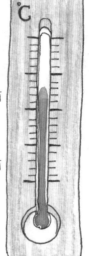

16~18℃
浓郁型红葡萄酒

14~16℃
清爽型红葡萄酒

12~16℃
浓郁型白葡萄酒

6~11℃
清爽型白葡萄酒

6~10℃
起泡葡萄酒

为了喝到美味的葡萄酒，非常重要的一点就是了解不同葡萄酒的最佳饮用温度。虽然人们常说"红葡萄酒喝常温的，白葡萄酒喝冰镇的"，但这里的"常温"指的是欧洲地下酒窖的温度（约为18℃）。日本的常温，特别是在夏天，对红葡萄酒而言温度过高，中国也一样。冬天把葡萄酒放在没有暖气的室内，夏天把葡萄酒放在冰箱中冷藏，喝之前再拿出来，这样的温度刚刚好。如果冷藏时间过长，红葡萄酒的涩味和单宁含量都会增加，这点请务必注意。红葡萄酒的最佳饮用温度是：清爽型的红葡萄酒为14~16℃，浓郁型的红葡萄酒为16~18℃。

　　如果是有酸味的水果香型白葡萄酒，冰镇一下口感会更好。反之，浓郁型白葡萄酒如果冷藏时间过长，就会破坏酒的味道和香气。白葡萄酒的最佳饮用温度是：清爽型的白葡萄酒为6~11℃，浓郁型的白葡萄酒为12~16℃。

　　如果是起泡葡萄酒，最好比其他葡萄酒的温度稍微低一些。这样就能品尝到起泡葡萄酒特有的清爽酸味。起泡葡萄酒的最佳饮用温度为6~10℃。

葡萄酒的温度可以用葡萄酒温度计来测量。这个工具非常方便，只需要套在酒瓶上面就可以测出葡萄酒的温度。即使把葡萄酒储藏在酒窖里，也很难保证最佳饮用温度，但只要有了葡萄酒温度计，就能很便捷地做好温度管理。商店里有各种不同的款式，准备一个就可以了。

最佳的冷藏时长是多久呢？

把常温葡萄酒放进冰箱或葡萄酒柜里，不同的葡萄酒分别需要冷却多久才能达到最佳饮用温度呢？按照室温22℃，冰箱冷藏4℃，葡萄酒柜里用冰水冷却的情况，不同葡萄酒所需要的时间大致如下：

浓郁型红葡萄酒的最佳饮用温度是16~20℃

→放进冰箱内约30分钟

清爽型红葡萄酒的最佳饮用温度是14~16℃

→放进冰箱内约45分钟

浓郁型白葡萄酒的最佳饮用温度是12~16℃

→放进冰箱内约1小时

→放进葡萄酒酒柜里约10分钟

清爽型白葡萄酒、桃红葡萄酒的最佳饮用温度是6~11℃

→放进冰箱内约2小时

→放进葡萄酒酒柜里约15分钟

起泡葡萄酒、甜品酒的最佳饮用温度是6~10℃

→放进冰箱内约3小时

→放进葡萄酒酒柜里约25分钟

想要把常温葡萄酒冷却至最佳饮用温度的时候，可以参照以上时间作为大致的标准。如果在炎热的夏季，冷藏时间最好稍微长一些。

葡萄酒的饮用顺序：从清爽型到浓郁型

为了更好地享用葡萄酒，需要考虑葡萄酒的饮用顺序

葡萄酒佐餐的基本顺序

前菜 & 起泡葡萄酒

↓

鱼类菜肴 & 白葡萄酒

↓

肉类菜肴 & 红葡萄酒

↓

甜点或芝士 & 甜型葡萄酒
或酒精度高的强化葡萄酒

当你想喝葡萄酒的时候，也许会烦恼应该按照什么样的顺序来饮用吧。葡萄酒和菜肴一样，想要更好地享用葡萄酒要注意不同葡萄酒饮用的先后顺序。基本的原则是先白葡萄酒，后红葡萄酒；先清爽型葡萄酒，后浓郁型葡萄酒。从价格来看，先喝便宜的葡萄酒，再喝贵的葡萄酒。一般情况下，高价葡萄酒的香气和味道比普通葡萄酒的层次更丰富，不过在实际饮用的时候也可能会有令人惊叹的发现。比如，喝到一瓶普通的葡萄酒，口感比价格昂贵的葡萄酒还好，这也是品尝葡萄酒的有趣之处。

去西餐厅吃饭时，一般会先上前菜，然后是主菜，最后才是甜点。和用餐顺序一样，葡萄酒也有饮用顺序。基本的饮用顺序是起泡葡萄酒→白葡萄酒→红葡萄酒→甜型葡萄酒或酒精度高的强化葡萄酒。

但是对于不胜酒力的人来说，无论怎么考虑上酒的顺序，还是会担心不能喝到最后。如果是这种情况，可以先上自己最喜欢喝的酒。比如我在聚会上先喝了起泡酒之后，就会略过白葡萄酒，直接喝红葡萄酒。为了能全程享受美味的葡萄酒和菜肴，在考虑自己的酒量和菜肴的同时，有选择地搭配葡萄酒，这种做法也未尝不可。

按颜色来搭配菜肴和葡萄酒

红色的刺身
&
清爽型红葡萄酒

白色的刺身
&
干型白葡萄酒

　　和饮酒顺序一样，考虑葡萄酒和菜肴的搭配也是享用葡萄酒的秘诀之一。如果葡萄酒和菜肴搭配得非常协调，有一种非常具有法式风情的形容，叫"mariage"，比喻葡萄酒搭配菜肴就像两者"结婚"一样彼此契合。

　　以前经常说"肉吃红，鱼吃白"。其实鱼类菜肴和葡萄酒也有多种多样的搭配方式，比如金枪鱼等红肉鱼要搭配清爽型红葡萄酒，鲷鱼等白肉鱼要搭配白葡萄酒等。

根据味道的浓淡来搭配菜肴和葡萄酒

口味浓厚的菜肴（炖牛肉）
&
浓郁型红葡萄酒

爽口的菜肴（烤牛肉）
&
清爽型红葡萄酒或桃红葡萄酒

　　掌握了葡萄酒和各种菜肴的搭配，就能体会到更多喝葡萄酒时的乐趣。

　　根据颜色搭配——红肉鱼适合搭配红葡萄酒，白肉鱼适合搭配白葡萄酒。

　　根据味道搭配——爽口的菜肴搭配清爽型葡萄酒，口味浓厚的菜肴搭配浓郁型葡萄酒。

　　根据温度搭配——凉菜搭配清爽型葡萄酒，温热菜肴搭配浓郁型葡萄酒。

牛排＆香料风味的
红葡萄酒

蓝纹芝士＆甜型葡萄酒

微妙的黑胡椒风味
是亮点。

经典搭配：罗克福
干酪和苏玳葡萄酒。

薄切生肉＆口感清新的白葡萄酒

柑橘系的酸味
是亮点。

根据产地搭配——葡萄酒产区及其本土菜肴搭配。

味道反差的搭配——味道形成反差的搭配能有令人惊叹的发现。比如蓝纹芝士和甜型葡萄酒等。

味道互补的搭配——这种搭配方法是用葡萄酒来弥补菜肴的不足之处。比如，肉类菜肴搭配有胡椒香气的红葡萄酒，鱼类菜肴搭配柑橘风味、口感清新的白葡萄酒等。

葡萄酒产地及其本土料理的经典搭配

侍酒师资格考试中也会出现。

法国

（波尔多地区）
红酒炖七鳃鳗

圣埃美隆和波美侯
红葡萄酒

（勃艮第地区）
法式红酒烩鸡

热夫雷 – 尚贝坦
红葡萄酒

意大利　意式蔬菜蘸酱

加维葡萄酒

（皮埃蒙特）

（托斯卡纳）
佛罗伦萨 T 骨牛排

经典基安蒂
红葡萄酒

让葡萄酒保持美味的储存方法

熟成还是变质，保存葡萄酒需要注意什么？

什么样的环境适合存放葡萄酒呢？如果你知道酒庄的酒窖是什么样子的，也许就容易理解了。一般是避光、湿度高、没有异味、温度稳定且凉爽的地方。如果是普通的日常餐酒，就不必顾虑这么多了。但如果是高品质的葡萄酒，就一定要按这些要求来存放。

如果买到高级葡萄酒，却不能马上喝，这时候要把葡萄酒存放到温度稳定且避光的地方，比如放进地窖或壁橱里。最好先用报纸把酒瓶包起来，装进箱子里存放。特别是夏天，室内温度高，会加速葡萄酒的变质，这个季节可以把葡萄酒横放进冰箱里冷藏。不过，虽然有冰箱可以存放，但在酷热的盛夏也应该尽量避免家中长期存放葡萄酒。

另外，存放开瓶后没喝完的葡萄酒，也有一些需要注意的地方。葡萄酒只要拔开酒塞，就会接触空气开始氧化。开瓶的酒最好当天喝完。不过有些熟成时间短的新酒，在开瓶后的第二天会更好喝。熟成型的陈年葡萄酒口感纤细，存放时间越长，味道会更醇香，这个过程也值得享受。

开瓶后未喝完的葡萄酒要盖上酒塞放入冰箱保存。如果拔下

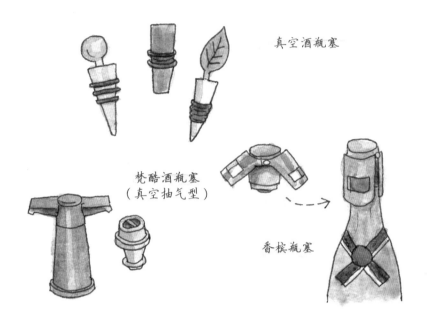

真空酒瓶塞

梵酷酒瓶塞
（真空抽气型）

香槟瓶塞

的软木塞塞不回去了，可以用葡萄酒真空塞。酒瓶塞有不同的款式，最经典的是"梵酷（VACUVAN）"，用手动泵抽出酒瓶里的空气，瓶塞就可以塞上了。

此外，我个人比较喜欢的是香槟瓶塞。如果未喝完的香槟里的二氧化碳流失，第二天就没法喝了。这种瓶塞可以防止瓶里的二氧化碳流失，虽然不能像刚打开时一样新鲜，但第二天也会很好喝。

想要入手的葡萄酒柜

- 压缩机式

制冷能力强，适合存放长期熟成型葡萄酒。

- 半导体式

震动少，也有小型机，价格便宜。

- 吸收式

震动少，使用寿命长，制冷能力弱。

　　如果买到了高级葡萄酒，最好是存放在葡萄酒酒柜里。虽然价格昂贵，但是酒柜可以调节温度和湿度，更能保证葡萄酒的品质。

品酒是了解葡萄酒的第一步

为了了解自己真正的喜好而需要做的事情

看外观

轻轻晃动酒杯

闻香气

品味道

一说到品酒，可能很多人都会觉得品酒是一种很高深的技能。因为专业的品酒师仅喝一口就能精准地猜出葡萄酒的产地、生产者、葡萄园、年份等信息。但实际上，品酒是为了分析整理不同葡萄酒的特征。当然，这项工作可以交由专业人士去做。但如果自己知道如何品酒，就会有意识地带着问题去喝葡萄酒，比如自己喜欢什么样的葡萄酒；和以前喝的酒相比，这款酒有什么不同之处等。如果能按自己的喜好去选择葡萄酒，就会感觉打开了一个新的世界。

品酒能让你更深入地享受葡萄酒带来的乐趣，请一定要尝试一下。下面我将简单地介绍一下品酒的方法。

首先要准备好品酒用的工具——无色透明的高脚杯和一张白布或白纸。酒杯要选择没有手柄、能看出酒液颜色的小酒杯。平时使用的酒杯也可以，但最好用INAO标准的酒杯。准备白布或白纸是为了更好地看出葡萄酒的颜色。

只要掌握"看外观、闻香气、品味道"这三个要点，你就能初步掌握品酒的技能了。在考虑这三个要点的基础之上，再去品尝葡萄酒。

把白纸或白布垫在酒杯下面。

看外观：确认酒杯中酒液的清澈度、光泽、浓淡、黏性等。

闻香气：先闻一下香气，然后转一下酒杯，让葡萄酒接触更多的空气后再确认一次香气。

品味道：一次喝一口，每一口10~15ml。把葡萄酒含在口中，用舌头在口腔内快速搅动，让舌头充分接触酒液，品尝其味道。葡萄酒余韵的时长也非常重要。

品酒并总结出
葡萄酒的特点。

　　综合以上这些要素，你就能了解一款酒的基础特点。说起来简单，但要马上总结出葡萄酒的特点还是有一些难度的。推荐使用葡萄酒的感官评价常用术语表（参照第64~65页）。如果把几种葡萄酒放在一起品尝，你就能明显尝出其中的差别了。和几个人在一起交流品酒心得，可能就会有自己之前没注意到的新发现。比如，通过交流你会发现某款酒确实有某种香气等，如此一来就能更愉悦地品酒了。

葡萄酒的外观藏着很多重要信息

从清澈度、光泽、浓淡、黏性等四个方面把握葡萄酒的特点

品质完好的葡萄酒清澈透明又有光泽。

将酒杯稍稍倾斜再摆正。

挂在杯壁上的酒液回落越慢，说明葡萄酒越有黏性、酒精度越高。

酒精度高的葡萄酒或甜型葡萄酒的液面较厚。

液面

观察葡萄酒的外观，主要从下面四个方面出发。

清澈度——葡萄酒是清澈的，还是浑浊的？由于酿造方法不同，有的葡萄酒会呈现浑浊状态。

光泽——酒液是有光泽的，还是灰蒙蒙的？

浓淡——葡萄酒的颜色较浓，还是较淡？葡萄酒的熟成度、产地的气候、品种等因素会影响颜色的浓淡。

黏性——通过"挂杯"不仅能了解葡萄酒的黏性，还能了解葡萄酒的酒精度和含糖量。

轻轻晃动盛有葡萄酒的酒杯，酒液会挂在杯壁上慢慢回落，这些酒液常被叫作"酒泪"。从酒泪中可以了解葡萄酒的黏性和含糖量。酒精度或含糖量越高的葡萄酒，黏性就越高，酒液回落就越慢。

如果是起泡酒，就要观察酒的气泡。香槟酒等经过瓶内二次发酵的葡萄酒，其最大的特点是会不断冒出小气泡。

此外，葡萄酒的颜色也会随着熟成度而变化。年轻的红葡萄酒紫色中略带红色，随着不断熟成，颜色会从红色变成石榴石色（酒红色）再变成砖红色。正常情况下，红葡萄酒的浓淡会由深色慢慢变成浅色。白葡萄酒开始的颜色为绿色中带一点黄色，随着不断熟成，颜色会发生由黄色到金黄色再到黄褐色的变化。白葡萄酒的浓

经过瓶内二次发酵的起泡酒有面包、奶油蛋糕的香气。

起泡酒要观察它的气泡。

香槟等经过瓶内二次发酵的葡萄酒，会不断冒出细小的气泡。

淡变化和红葡萄酒正好相反，其黄色是在不断变深的。

　　一般在气候温暖的产区，因为葡萄光照充足，葡萄酒的颜色会更深，酒精度数也更高。反之，在气候凉爽的产区，葡萄酒的颜色更淡，酒精度数也更低。

　　浓淡不只是与产区有关，即便是同产区，葡萄的品种不同，葡萄酒的颜色也会有所差别。红葡萄酒是把葡萄的果皮和果汁一起进行发酵，因此葡萄品种的差异更容易表现出来。葡萄果粒越小或者果皮越厚，酿制出的葡萄酒颜色会越深；葡萄果皮越薄，酿制出的葡萄酒颜色会越淡。将酒液倾斜一下，观察酒液边缘的

不同产地葡萄酒的颜色差异

气候凉爽的产区

葡萄酒颜色较淡，
酒精度数低。

气候温暖的产区

葡萄酒颜色较浓，
酒精度数高。

浓淡渐变和颜色的密度，会更容易了解其中的差异。

白葡萄酒只对榨取的果汁进行发酵，因此除了红色果皮的葡萄，很难发现不同品种的葡萄酿出的葡萄酒颜色有什么区别。但是在酿制过程中颜色会有所不同。不锈钢桶发酵的葡萄酒颜色大多为透明的绿色中略带黄色；而橡木桶发酵或浸皮发酵（把果皮放入压榨的果汁中浸泡一段时间）的葡萄酒，随着不断熟成，会逐渐呈现出金黄色或橙橘色。

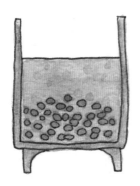

红葡萄酒

整颗葡萄都会发酵，因此葡萄品种的颜色、果皮的厚度以及果粒的大小等因素都会影响葡萄酒的颜色。

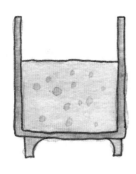

白葡萄酒

对压榨的果汁进行发酵，葡萄的品种对葡萄酒的颜色几乎没有影响。

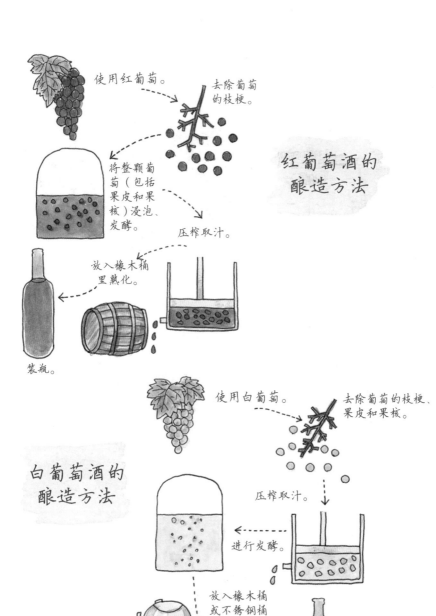

使用红葡萄。

去除葡萄的枝梗。

将整颗葡萄（包括果皮和果核）浸泡、发酵。

压榨取汁。

放入橡木桶里熟化。

装瓶。

红葡萄酒的酿造方法

使用白葡萄。

去除葡萄的枝梗、果皮和果核。

白葡萄酒的酿造方法

压榨取汁。

进行发酵。

放入橡木桶或不锈钢桶里熟化。

装瓶。

香气

了解葡萄酒的香气特点

葡萄酒的特点体现在不同的香气里

一类香气
来自葡萄本身的香气。

二类香气
发酵过程中产生的香气。

三类香气
熟化过程中产生的香气。

葡萄酒的香气融合了多种要素，纷繁复杂。为了进行梳理，我把葡萄酒的香气大致分为三类。

"一类香气"是来自葡萄本身的香气；"二类香气"是在发酵过程中产生的香气；"三类香气"是在橡木桶、不锈钢桶或酒瓶内熟化过程中产生的香气。葡萄酒的香气有不同的特征，可以对照以下进行归类。

一类香气——来自葡萄本身的香气。果实、花、植物、香料、矿物质等味道。

二类香气——在发酵过程中产生的香气。糖果、酿酒香、香蕉等味道。

三类香气（酒散发的芬芳）——在橡木桶、不锈钢桶或酒瓶内熟化过程中产生的香气。香草、烤肉、香料等味道。

这些香气具体是什么味道呢？我大致分为了以下几种：

水果——柑橘类、白色果实、黄色果实、红色果实、黑色果实、热带水果、水果干、糖渍水果等。

花——白花类、红花类等。

植物——药草类、森林树木类、绿色蔬菜类（青椒、芦笋等）以及各种菌菇等。

甜食——奶油蛋糕、蛋奶糊、糖果等。

香料——黑胡椒、肉桂、八角等。

坚果——核桃、榛子、杏仁等。

焦臭、煳味——柏油、熏制、咖啡等。

动物——麝香猫、皮革等。

化工制品——墨水、打火石、火药、铅笔等。

乳制品——芝士、牛奶等。

令人不悦的味道——潮湿的纸箱、霉味、硫黄、醋等。

在品酒的过程中，还要具体情况具体分析。比如，某款葡萄酒的味道要归入水果类里，因为里面有类似黑樱桃的香气。

水果
　柑橘类　　热带水果
　　红色果实　黑色果实

花
　白花类　红花类

植物
　药草类　森林树木类　蔬菜类　菌菇类

香料

甜食

焦臭、煳味（烘烤）

坚果

动物

化工制品

乳制品

59

用整个舌头去感受葡萄酒的味道

如何用感官品尝葡萄酒，并用语言表达出来呢？

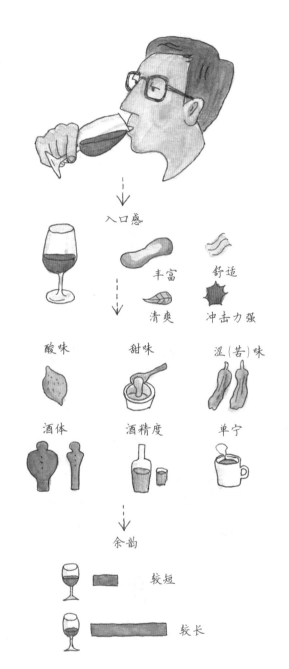

入口感

丰富　　舒适

清爽　　冲击力强

酸味　　甜味　　涩（苦）味

酒体　　酒精度　　单宁

余韵

较短

较长

先观察葡萄酒的外观，再闻香气，最后也是最重要的一步——品尝味道。每次含在嘴里的葡萄酒的量大约是10~15ml，只需少量的葡萄酒就能品尝出味道。把葡萄酒含在嘴里，让酒液浸满舌头。味觉是要用整个舌头去感受的，舌头的不同位置能敏锐地感知不同的味道：舌尖对甜味更敏感，舌侧对酸味更敏感，舌头的后部对苦味更敏感。因此要有意识地让舌头的不同部位都接触到葡萄酒。专业人士在品酒时有时会发出"吸溜吸溜"的声音，这是为了让口中的葡萄酒与空气接触，释放更多的香气和味道。在家里这样品酒无伤大雅，但是在餐厅里还是不要这样品酒为好。

品酒的时候，要去感受葡萄酒含在嘴里的第一印象（入口感）的强弱，然后是感受酸味、甜味、涩味、酒精度数、平衡感，最后是体会余韵。想要准确地描述葡萄酒的味道，可参照第64~65页的感官评价常用术语表（红葡萄酒&白葡萄酒）。品尝葡萄酒时，对照着术语表感受一下更符合哪种味道，还可以用自己的语言梳理出葡萄酒的特点。

● 思考葡萄酒味道的平衡感

葡萄酒味道的平衡感非常重要。对于白葡萄酒，如果只突出甜味会让人感觉腻，如果酸味太重则太尖锐。当甜味和酸味两者平衡时，这款酒的口感才会更加柔和芳醇。拿红葡萄酒来说，甜味、单宁和酸味的平衡感也相当重要。

入口感　强←→弱

酸味　尖锐←→柔和

甜味　丰富、柔和、干涩

涩味　收敛←→强劲

酒精度　较强←→较弱

平衡感　整体平衡←→某种味道突出

余韵　较长，9秒以上←→较短，3~4秒

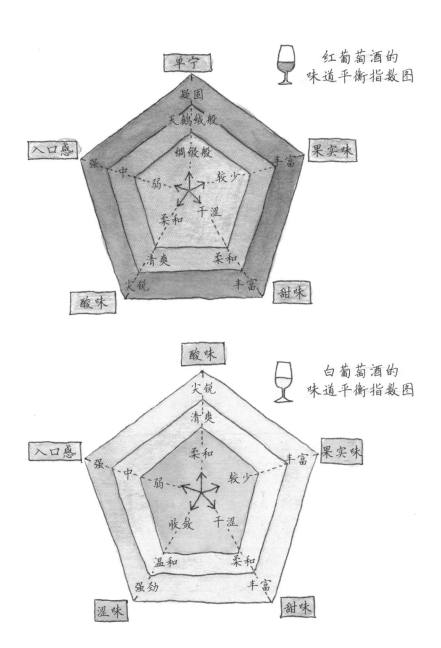

红葡萄酒的
味道平衡指数图

白葡萄酒的
味道平衡指数图

63

外观	清澈度	清澈←→浑浊
	光泽	像水晶一样、有光泽、光泽适中、雾蒙蒙的
	颜色	偏紫色、红宝石色、橙橘色、石榴石色、砖红色、桃花心木色、略带黑色
	浓淡	较淡←→较浓
	黏性	清爽、黏性适中、较黏稠、黏稠
香气	丰富性	内敛、充沛、强劲
	特征	草莓、覆盆子、蓝莓、黑樱桃、黑加仑、樱桃、石榴、梅干、无花果、玫瑰、紫罗兰、牡丹、天竺葵、月桂、杉树、薄荷脑、香烟、红茶、蘑菇、松露、肉、皮革、熏制品、野兔、咖啡、可可豆、香草、丁香、肉桂、甘草、肉豆蔻、焦糖、杏仁、铅笔、墨水
味道	入口感	清爽、舒适、丰盈、冲击力强
	酸味	尖锐、顺滑、柔和
	甜味	干涩、柔和、圆润、充沛、黏稠
	单宁	较轻、柔顺、绸缎般、天鹅绒般、紧致
	醇香度	像水一样、纤细、丰满馥郁、浓重
	平衡感	某种味道过于突出←→味道平衡
	余味	短←→长

感官评价常用术语表（白葡萄酒）

外观	清澈度	清澈←→浑浊
	光泽	像水晶一样、有光泽、光泽适中、雾蒙蒙的
	颜色	偏绿色、黄色、金黄色、琥珀色
	浓淡	较淡←→较浓
	黏度	清爽、黏性适中、较黏稠、黏稠
香气	丰富性	内敛、充沛、强劲
	特征	柠檬、葡萄柚、苹果、洋梨、桃子、杏、甜瓜、菠萝、百香果、香蕉、芒果、荔枝、杏仁、榛子、核桃、麝香葡萄、金银花（白花）、菩提树、白玫瑰、金合欢树、蜂蜜、香烟、烤吐司、焦糖、石灰、打火石、香草、白胡椒、香菜、丁香、肉豆蔻、百里香、迷迭香、黄油、石油
味道	入口感	清爽、舒适、丰盈、冲击力强
	酸味	尖锐、顺滑、柔和
	甜味	干涩、柔和、圆润、充沛、黏稠
	涩味	收敛、温和、强劲
	醇香度	像水一样、纤细、丰满馥郁、浓重
	平衡感	某种味道过于突出←→味道平衡
	余味	短←→长

什么是葡萄酒的年份

　　葡萄酒酒标上标注的年份是酿造葡萄的收获年份。很多人听葡萄酒专家提过"今年是个好年份"，这里指的是好的葡萄收获年份。葡萄是农作物，从开花期到收获期，受气候的影响，结出的葡萄有好有坏，最后酿造出的葡萄酒当然也会不同。

　　好年份的葡萄酒更醇厚，适合长期熟成。气候欠佳的年份，酿制出的葡萄酒也不一定品质欠佳，这种葡萄酒有一个优点，就是不必长期熟化，很适合尽早饮用。即使是同一年份，波尔多地区和勃艮第地区的葡萄酒也会有所差别，因此购买葡萄酒时不仅要看年份，还需要确认一下产地。

Chapter 2

如何挑选葡萄酒

挑选葡萄酒的关键因素是什么

所有的因素都会影响葡萄酒的香气和味道

你现在最想喝什么样的葡萄酒呢?

在四季分明的地区,春天可以一边赏花一边品尝桃红葡萄酒;夏天可以约上三五好友喝口感清爽、充分冰镇的白葡萄酒;冬天则可以在家品尝口感醇厚的红葡萄酒。场景不同,想喝的葡萄酒也会随之改变。当然,搭配葡萄酒的菜肴也很重要。可以先确定菜肴再选择葡萄酒,也可以根据想喝的葡萄酒搭配菜肴。

葡萄酒的最大魅力就是其口味的多样性。能享用到美味的葡萄酒,是一件令人无比欣喜的事。

想要挑选一款心仪的葡萄酒,总的来说需要考量这三个方面:葡萄品种、风土和酿酒工艺。

葡萄品种

葡萄品种通常分为两种，一种是直接食用的美洲葡萄（Vitis labrusca），另一种是用来酿酒的欧洲葡萄（Vitis vinifera）。

如果直接食用的话，容易剥皮、没有籽的美洲葡萄会更受欢迎；如果用来酿酒，则需要发酵产生酒精，那么酸味丰沛、含糖量高的欧洲葡萄会更受喜爱。尤其是用来酿造红葡萄酒的葡萄，产生涩味的单宁会在很大程度上影响葡萄酒的味道，而且葡萄的果皮也很关键。

旧世界葡萄酒更讲究精耕细作，产品档次差距大，所以其产地不同，栽种的葡萄品种也会受限制；但新世界葡萄酒以工业化生产为主，产品之间的品质差距不大，不太受葡萄品种的限制。

风土

气候、土壤、葡萄园的位置等种植环境也是决定葡萄酒个性的重要因素。

不同的国家和产地，其气候也不同。一般来说，气候温暖的产区，葡萄酒酒精度数高、颜色稍浓；气候凉爽的产区，葡萄酒酒精度数低、酸味尖锐。此外，石灰质、沙质、黏土质、砾石等土壤的不同也会影响葡萄酒的味道。而且，葡萄园的选址也是非常重要的。斜坡上的葡萄园排水机能好，同时斜坡上阳光充足，更容易栽培出优质的葡萄。

在葡萄酒的酿制过程中，这些各种各样的自然条件被称为"风土（terroir）"。在波尔多地区和勃艮第地区，即使是相邻的两个葡萄园，也会因为风土的不同而分成不同的等级，由此可见风土是多么重要的因素。

酿酒工艺

除了葡萄品种和种植环境外，酿酒工艺也会影响葡萄酒的品质。比如，葡萄树是新树还是老树，防止寄生虫的农药是怎么打的，采摘葡萄是用人工还是机器，酿酒的时候是用橡木桶还是不锈钢桶……酿酒师结合自己的经验，选择最适宜的酿酒工艺，专注于提升葡萄酒的品质，最后才得以酿造出美味的葡萄酒。

在影响葡萄酒的所有因素中，最需要考虑的就是会影响葡萄酒口感的葡萄品种。

世界各地有很多葡萄产地，它们都将波尔多地区和勃艮第地区作为经典范本，这些经典产地使用的葡萄品种被称为"国际品种"。知道了这一点，通过特有的酒瓶形状（波尔多瓶、勃艮第瓶等）就能想象出一瓶葡萄酒的大概味道。

此外，有不少葡萄品种经过改良，已经不再是某个国家传统的葡萄品种了，而是一个国家的代表品种。比如澳大利亚的西拉、新西兰的长相思，虽然品种没有改变，但种植在不同的土地上，得到新的改良和发展，品尝这样的葡萄酒也别有一番乐趣。

不仅如此，一些旧世界葡萄酒产地的本土传统品种也很值得研究。意大利、西班牙等国家从很久之前就是酿造葡萄酒的大国，它们有很多本土的葡萄品种。了解几种代表性品种，就很容易把葡萄酒和产国联系起来。

在法国波尔多地区，通常会把固定的几种葡萄品种混调在一起酿造成葡萄酒。这种混酿酒的主要做法是考虑当年气候因素的同时，把味道强烈的赤霞珠和柔和的梅洛混酿成酒。素以盛产香槟闻名的香槟地区的葡萄酒也是一种混酿葡萄酒，由多种葡萄品种混调后酿造而成。而在勃艮第地区，通常用单一品种酿制葡萄酒，比如黑皮诺、霞多丽等。

如此看来，葡萄酒不仅可以由多种葡萄混酿而成，还可以用单一种品种酿造。若想要了解葡萄品种的个性，最好先品尝一下用单一品种酿造而成的葡萄酒，这样可能更容易掌握其特征。

挑选葡萄酒的关键

葡萄品种

风土

酿酒工艺

品种/红

赤霞珠

Cabernet Sauvignon

产地

法国波尔多地区、美国加州纳帕谷、澳大利亚玛格丽特河&库纳瓦拉、智利、意大利等

建议饮用温度

18℃左右

酒杯

郁金香形大酒杯

适合搭配的菜肴

牛排、炖牛肉、炸猪排等

赤霞珠

赤霞珠的原产地为法国波尔多地区。由品丽珠与长相思杂交而成。赤霞珠的产区遍及世界各地，深受酿酒爱好者的青睐。用赤霞珠酿造出的葡萄酒涩味和酸味强劲、香气致密而深邃。在波尔多地区，赤霞珠、品丽珠和梅洛是主要的栽培品种，以其为品牌的葡萄酒也是市场上的主角。

赤霞珠适宜在炎热的沙砾土质中生长，除了波尔多地区，在美国加州、澳大利亚、智利等地也有种植。赤霞珠是晚熟葡萄，含有丰富的单宁，也很适合长期熟成。用赤霞珠酿造而成的葡萄酒颜色十分浓烈，整体色调透着黑色，类似石榴石色。倒入酒杯后，深邃的色彩会扩散至酒液边缘。

赤霞珠可以呈现出黑加仑、黑樱桃、黑胡椒、墨水、烤吐司、可可豆、香草等的香气。有趣的是，在气候凉爽的产区会出现青椒、杉木等植物香气；在气候温暖的产区会出现类似熬制果酱的香气。随着赤霞珠逐渐熟成，会出现皮革、松露的香气，口感也会变得更加细密优雅、富有层次。

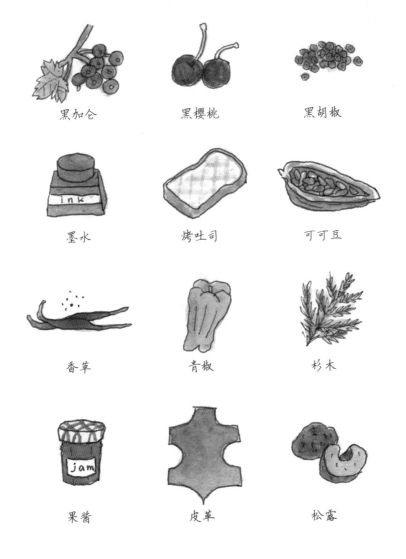

黑加仑　　　　黑樱桃　　　　黑胡椒

墨水　　　　　烤吐司　　　　可可豆

香草　　　　　青椒　　　　　杉木

果酱　　　　　皮革　　　　　松露

品种/红

梅洛

Merlot

产地

法国波尔多地区、意大利、美国、智利、澳大
利亚、日本等

建议饮用温度

16~18℃

酒杯

郁金香形大酒杯

适合搭配的菜肴

鸭肉冻、烤红鱼、寿喜烧等

梅洛

梅洛的原产地为法国波尔多地区，是早熟葡萄，梅洛具有丰富的果实香味、口感芳醇。前文我也提到过，在波尔多地区一般会用梅洛混调赤霞珠，混酿出的葡萄酒口感饱满又柔顺。

梅洛适宜富含水分的土壤，与赤霞珠不同，梅洛更适宜在黏土质土壤栽种。梅洛是波尔多多尔多涅河右岸波美侯地区和圣埃美隆地区主要的葡萄品种。这里生产的葡萄酒完全是用单一品种的梅洛酿造而成的，闻名遐迩的高级红葡萄酒"柏图斯（Pétrus）"就是如此。

与赤霞珠相比，梅洛的颜色稍似于石榴石色，味道浓郁又深邃。可以呈现出黑加仑、黑莓、黑樱桃、西梅、紫罗兰、薄荷、香草等香气。随着梅洛的熟成，会产生皮革、落叶、杉木、丁香、松露等香气，并产生柔和的涩味和天鹅绒般顺滑的口感。

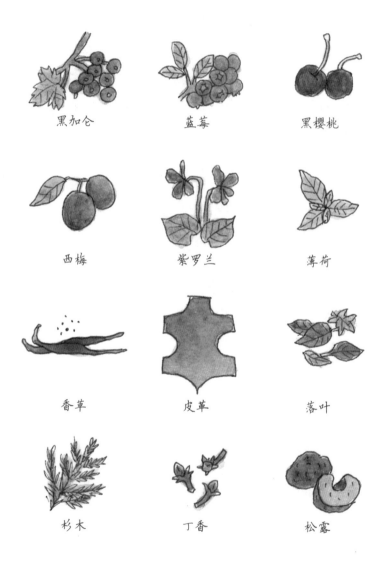

黑加仑　　　　　蓝莓　　　　　黑樱桃

西梅　　　　　紫罗兰　　　　　薄荷

香草　　　　　皮革　　　　　落叶

杉木　　　　　丁香　　　　　松露

品丽珠

Cabernet Franc

产地

法国波尔多地区&卢瓦尔地区、美国、澳大利亚、意大利、智利等

建议饮用温度

14~18℃

酒杯

郁金香形酒杯

适合搭配的菜肴

烤牛肉、汉堡牛肉饼、尖椒酿肉等

品丽珠

世界闻名的赤霞珠是品丽珠的后代，品丽珠还是波尔多产区的三大主要葡萄品种之一。在波尔多，品丽珠是用来混合赤霞珠和梅洛的辅助用葡萄品种。在法国卢瓦尔地区，品丽珠又被称为"布莱顿（Breton）"。"希侬（Chinon）""布尔格伊（Bourgueil）""索米尔·香佩尼（Saumur Champigny）"等高级葡萄酒都是使用品丽珠单一品种酿造而成的。此外，在卢瓦尔南部的安茹地区酿造的"安茹桃红葡萄酒"等单一品种的桃红葡萄酒也非常有名。

　　相比于赤霞珠，品丽珠的口感更为清爽柔和、涩味较少。颜色也比赤霞珠明亮，红中略带深黑色。呈现出黑加仑、樱桃、覆盆子、紫罗兰、天竺葵等香气。在气候凉爽地区栽培的品丽珠还会散发出青椒等蔬菜的味道。

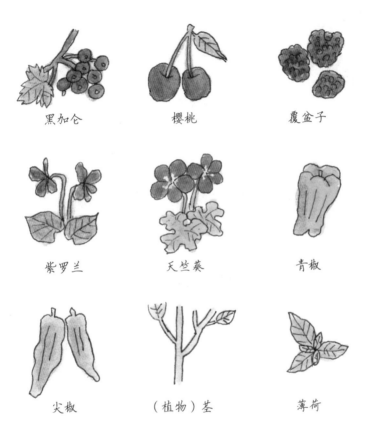

黑加仑　　　　　樱桃　　　　　覆盆子

紫罗兰　　　　　天竺葵　　　　　青椒

尖椒　　　　　（植物）茎　　　　　薄荷

品种/红

黑皮诺

Pinot Noir

产地

法国勃艮第地区、德国、美国、澳大利亚、新西兰等

建议饮用温度

16℃左右

酒杯

气球形大酒杯

适合搭配的菜肴

红酒炖牛肉等

黑皮诺

黑皮诺的原产地为法国勃艮第地区。最有名的勃艮第葡萄酒"罗曼尼·康帝"就属于黑皮诺。黑皮诺经常会被拿来和波尔多地区的赤霞珠作比较，但两者的口感大相径庭。黑皮诺的涩味不明显，口感如丝绸或天鹅绒般圆润顺滑。

　　黑皮诺适宜凉爽的气候，果皮偏薄不耐湿，在炎热的产区会成熟过度，栽种较为困难。黑皮诺十分容易受气候和土壤的影响，在不同的环境中，味道和香气会发生很大的变化。黑皮诺一般不与其他品种的葡萄混酿，常用于酿制单一品种的葡萄酒。其颜色是透明的深红宝石色，呈现出黑加仑、樱桃、覆盆子、紫罗兰、玫瑰、红茶等香气。黑皮诺最为明显的是馥郁奢华的香气，随着逐渐熟成，又会散发出松露、香烟、肉桂、落叶、皮革、泥土等香气。

　　虽然前文说过黑皮诺常用于酿制单一品种的葡萄酒，但在法国香槟地区较特殊，酿酒师会将黑皮诺和莫尼耶皮诺、霞多丽混合酿制葡萄酒。

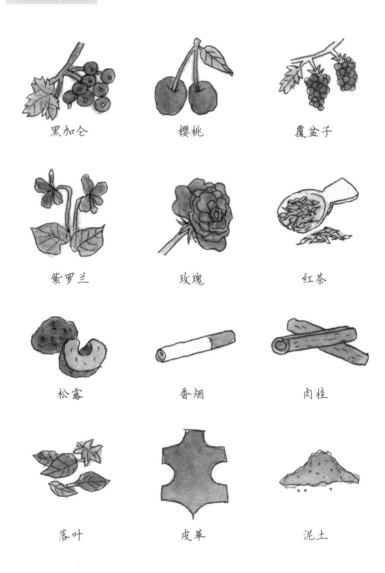

黑加仑

樱桃

覆盆子

紫罗兰

玫瑰

红茶

松露

香烟

肉桂

落叶

皮革

泥土

品种/红

佳美

Gamay

产地

法国勃艮第地区（博若莱产区）＆卢瓦尔地区、瑞士等

建议饮用温度

12~14 ℃

酒杯

标准品酒杯

适合搭配的菜肴

番茄炖鸡肉、芝士焗南瓜、香肠等

佳美

博若莱位于法国勃艮第最南部，该葡萄酒产区酿造的"博若莱新酒（Beaujolais Nouveau）"远近闻名。新酒是将当年采摘的葡萄用"二氧化碳浸渍法"酿制而成的葡萄酒，味道新鲜可口。这种发酵法不用把葡萄碾碎，而是直接装入不锈钢发酵桶里，通入二氧化碳密封数日后再进行压榨取汁，从而使葡萄酒在无氧条件下发酵。新酒颜色为明亮的紫红色，呈现出黑加仑、草莓糖果、樱桃、香蕉、黑糖等香气。这样发酵的葡萄酒涩味较少，充满了新鲜甜美的果香气息。博若莱葡萄酒虽然一般是指新酒，但是只有限定产区才有高级葡萄酒"村庄级博若莱"，其中也有陈年潜力高的红葡萄酒。"村庄级博若莱"层次丰富、口感深邃、香气馥郁。

香气

黑加仑

草莓糖果

樱桃

香蕉

黑糖

西拉

Syrah

产地

法国罗讷河谷地区（北部）、澳大利亚、美国、阿根廷、智利、墨西哥、南非等

建议饮用温度

18℃左右

酒杯

郁金香形酒杯

适合搭配的菜肴

牛排、烤肉等

西拉

西拉的原产地为法国南部的罗讷河谷地区，是一种涩味、酸味和单宁都十分强劲的葡萄品种。在罗讷河北部的埃米塔日产区，当地人在罗讷河沿岸陡峭的斜坡上栽种西拉，他们用这种适宜长期熟成的葡萄品种酿制单一品种的红葡萄酒。西拉喜爱温暖的气候，产区遍布世界各地。西拉在澳大利亚被称为"Shiraz"，上等的西拉红葡萄酒是澳大利亚的招牌。

将装有西拉葡萄酒的酒杯倾斜可以发现浓重的黑紫色扩散至酒液边缘。西拉的香味有黑胡椒的辛香料味道，还有蓝莓、黑加仑、橄榄、紫罗兰、铁、柏油等香气。澳大利亚的"西拉"则多了桉树的香气。

香气

黑胡椒　　蓝莓

黑加仑　　橄榄

紫罗兰　　铁

柏油　　桉树

88

品种/红

内比奥罗

Nebbiolo

产地

意大利皮埃蒙特大区和伦巴第大区等

建议饮用温度

18~20℃

酒杯

郁金香形大酒杯

适合搭配的菜肴

白松露意大利面等

内比奥罗

意大利西北部皮埃蒙特大区的高级葡萄酒"巴罗洛（Barolo）"和"巴巴莱斯科（Barbaresco）"是由内比奥罗酿制而成的，这种葡萄也因此远近闻名。

内比奥罗是晚熟葡萄，适宜泥质土壤以及光照充足的气候，栽种较为困难。内比奥罗的酸味、涩味、单宁都很强劲，酒精度数也非常高，是陈年潜力高的红葡萄酒。内比奥罗葡萄酒的颜色为明亮的红宝石色，呈现出紫罗兰、玫瑰、葡萄干、黑樱桃、巧克力、柏油、铁等香气。随着逐渐熟成，又会散发出松露、皮革、香烟等香气，味道层次会更加丰富。虽然同在皮埃蒙特，但是北部地区却把内比奥罗叫作"斯帕那（Spanna）"，在伦巴第它被称为"查万纳斯卡（Chiavennasca）"。

香气

紫罗兰

玫瑰

梅干

黑樱桃

巧克力

柏油

铁

松露

皮革

香烟

品种/红

桑娇维塞

Sangiovese

产地

意大利托斯卡纳大区等

建议饮用温度

14~18℃

酒杯

标准品酒杯

适合搭配的菜肴

炭火烤肉、番茄肉酱意大利面、意式腊肠、生火腿等

桑娇维塞

桑娇维塞是意大利栽种最多的红葡萄品种，是中部托斯卡纳区的主要葡萄品种。从顶级葡萄酒"布鲁奈罗-蒙塔希诺（Brunello di Montalcino）"或是带有黑公鸡标志的"经典基安蒂（Chianti Classico）"，再到日常饮用的葡萄酒都是由桑娇维塞酿制而成。

桑娇维塞的酸味和单宁很丰富，果实气息浓郁，深红紫色中略带橙色。呈现出草莓、李子、黑樱桃、紫罗兰、红茶等香气，熟成后又增加了松露、皮革的香气。旧世界葡萄酒大多使用单一品种的葡萄酿制，但是意大利的托斯卡纳不受葡萄酒法和形式的约束，混合了桑娇维塞和赤霞珠两种品种，酿造出了"超级托斯卡纳葡萄酒（Super Tuscans）"。这款葡萄酒不仅在全世界深受欢迎，而且推动了意大利葡萄酒法规的变革。

香气

草莓

李子

黑樱桃

紫罗兰

红茶

松露

皮革

丹魄

Tempranillo

产地

西班牙、葡萄牙等

建议饮用温度

16~18℃

酒杯

郁金香形酒杯

适合搭配的菜肴

生火腿、炖牛肉、牛肉蘑菇炒牡蛎等

丹魄

西班牙广泛栽种丹魄，特别是在东北部的里奥哈河谷会用丹魄酿造特级葡萄酒。正如同西班牙语中"Temprano（早熟的）"这个词的意思，丹魄是一种早熟葡萄。它的颜色为深红宝石色，单宁较少、酸味扎实，酒精度数高，酒体浑厚浓郁。呈现出李子、黑莓、无花果干、香草、绿茶、泥土、皮革、香烟等香气。

丹魄的别名有很多，在西班牙中部的拉曼查产区被叫作"森希贝尔（Cencibel）"；在西北部的杜埃罗河岸产区被称为"菲诺（Tinto Fino）"。邻国葡萄牙也种植丹魄，用来酿造甜红葡萄酒。

香气

李子　　黑莓

无花果干　　香草

绿茶　　泥土

皮革　　香烟

金粉黛

Zinfandel

产地

美国加利福尼亚州、意大利等

建议饮用温度

18℃左右

酒杯

郁金香形酒杯

适合搭配的菜肴

牛肉汉堡、猪排等

金粉黛

金粉黛广泛栽种于美国加利福尼亚州。这种葡萄果皮偏薄，适合干燥的气候，果实味道浓郁丰富，酒精度高，酒体浑厚。金粉黛葡萄酒的颜色为深邃的紫红色，呈现出黑樱桃、黑加仑、葡萄干、黑胡椒、香草、薄荷、摩卡咖啡等香气。

美国有一款叫作"白金粉黛（White Zinfandel）"的桃红葡萄酒，口感香甜、顺滑柔和，深受消费者的喜爱。意大利南部的普利亚地区也栽种金粉黛，该地区将金粉黛称之为"普里米蒂沃（Primitivo）"。

黑樱桃

黑加仑

葡萄干

黑胡椒

香草

薄荷

摩卡咖啡

品种/红

佳美娜

Carmenere

产地
智利等

建议饮用温度
18℃左右

酒杯
郁金香形酒杯

适合搭配的菜肴
猪排、牛排、羊肉火锅等

佳美娜

佳美娜是智利的主要葡萄品种，原产地为法国波尔多地区。智利的佳美娜曾一度被误认为是梅洛，后来对该品种进行了基因检测才发现，这是19世纪在波尔多梅多克地区广泛栽种的葡萄佳美娜。由于葡萄根瘤蚜虫病害，佳美娜曾在法国绝迹。

佳美娜是品丽珠的后代，酸味和涩味强劲，充满了浓郁的果香。佳美娜葡萄酒的颜色为深紫红色，呈现出黑加仑、李子、摩卡咖啡、巧克力、桉树、青椒等香气。

香气

黑加仑

李子

摩卡咖啡

巧克力

桉树

青椒

品种/白

霞多丽

Chardonnay

产地

法国勃艮第地区、美国、澳大利亚、智利、南

非、日本等

建议饮用温度

10~16℃

酒杯

气球形中酒杯

适合搭配的菜肴

牡蛎、薄切生肉、添加了黄油或奶油的菜肴等

霞多丽

霞多丽是法国勃艮第地区酿制白葡萄酒的主要葡萄品种，它遍布世界葡萄酒产区，深受人们的青睐。霞多丽虽然口感丰富、酸味醇郁，但是并没有非常明显的个性。受当地风土的影响及酿造方式的不同，能呈现出多种繁复的香气。

勃艮第地区北部的夏布利产区酿造的葡萄酒富含矿物质、口感清爽，很受欢迎；伯恩丘产区的"蒙哈榭（Montrachet）"芳香醇厚，是世界顶级的白葡萄酒。

酿造方式不同，葡萄酒的颜色也会发生变化。用不锈钢桶发酵，葡萄酒的颜色是绿中略带黄色；用橡木桶发酵或熟成的葡萄酒，会呈现明亮的金黄色。此外，产地及酿造方式不同，又会让葡萄酒带有多种香气。在气候凉爽的产区，会呈现青苹果、葡萄柚、柠檬、洋梨、白花等香气；在气候温暖的产区，又会增加蜂蜜、桃子、菠萝的香气；而且酿造方式不同，还会呈现黄油、坚果、烤吐司、打火石等香气。霞多丽既可以用来酿制熟成时间短、新鲜年轻的葡萄酒，也可以用来酿制陈年潜力高的葡萄酒，而且能从口味上体现出产区和酿酒师各自的特点。

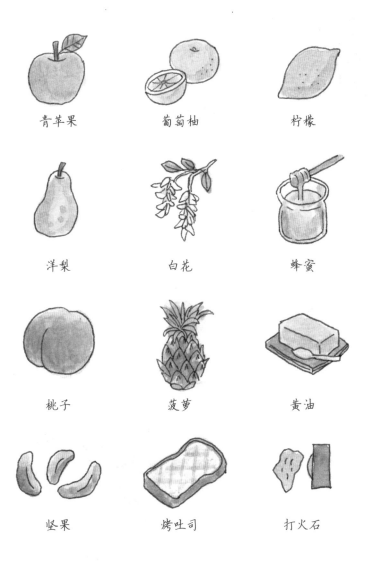

青苹果　　　　葡萄柚　　　　柠檬

洋梨　　　　　白花　　　　　蜂蜜

桃子　　　　　菠萝　　　　　黄油

坚果　　　　　烤吐司　　　　打火石

品种/白

长相思

Sauvignon Blanc

产地

法国波尔多地区&卢瓦尔地区、新西兰马尔堡区、美国、澳大利亚、智利等

建议饮用温度

8~12℃

酒杯

标准品酒杯

适合搭配的菜肴

白肉鱼、蔬菜沙拉等

长相思

长相思是法国波尔多地区和卢瓦尔地区的主要酿酒葡萄品种。在波尔多地区一般会用长相思和赛美蓉（Semillon）或密斯卡岱（Muscadelle）混酿，而在加龙河沿岸的格拉夫产区，主要由长相思和赛美蓉混酿高级白葡萄酒。在位于波尔多北部的卢瓦尔地区，桑塞尔产区和普伊芙美产区远近闻名。这里酿造的葡萄酒口感富含青草味和矿物质味。

除了法国，在美国、澳大利亚、智利等新世界产区也广泛栽种长相思。其中，新西兰的马尔堡区有该国面积最大的长相思葡萄园，这里酿造的高级葡萄酒享誉世界。

长相思葡萄浅绿中略带黄色，用橡木桶发酵后颜色会愈发变黄。而且会呈现出柠檬、酸橙、奇异果、葡萄柚、鼠尾草、冷萃绿茶、青草、坚果、麝香、白花、薄荷、打火石等香气。长相思葡萄酒的特征是既有药草的清新，又有柑橘类的清爽口感。

柠檬　　　　　酸橙　　　　　奇异果

葡萄柚　　　　鼠尾草　　　　冷萃绿茶

青草　　　　　坚果　　　　　麝香

白花　　　　　薄荷　　　　　打火石

品种/白

雷司令

Riesling

产地

德国摩泽尔地区&莱茵高地区、法国阿尔萨斯
地区、奥地利等

建议饮用温度

6~10℃

酒杯

竖长型小杯口酒杯

适合搭配的菜肴

香肠、法式烤白肉鱼、天妇罗、什锦寿司等

雷司令

雷司令是德国白葡萄酒的象征。德国黑森州西南端的莱茵高和德国最古老的葡萄酒产区摩泽尔是盛产最上乘雷司令葡萄酒的两大产区。特别是在莱茵高地区，雷司令葡萄的栽种面积约占葡萄栽种总面积的90%。莱茵高地区作为盛产雷司令葡萄的产区，也会大量出口雷司令葡萄酒。

雷司令偏爱阴凉的气候，富含矿物质，浓郁的水果芳香中又有爽口的酸度，这是雷司令白葡萄酒的主要特点。雷司令中上好的"冰酒（icewine）"是用冰冻葡萄酿制的，"逐粒枯葡萄精选贵腐酒（trockenbeerenauslese，简称TBA）"是用贵腐葡萄酿制的，这是世界上最贵的一种甜白葡萄酒。

在德国，甜度越高的葡萄酒等级越高，所以一般会认为德国的甜型葡萄酒较多，但其实高品质的干型白葡萄酒也有清新冷冽的口感。

雷司令葡萄酒浅绿中略带黄色，会呈现苹果、柠檬、酸橙、木梨、桃子、薄荷、白花、菩提树、蜂蜜、石油、打火石、洋梨等多种香气。雷司令葡萄种植范围很广，除了德国，与德国毗邻的法国阿尔萨斯地区、奥地利等也有种植。

苹果   柠檬   酸橙

木梨   桃子   薄荷

白花   菩提树   蜂蜜

石油   打火石   洋梨

品种/白

赛美蓉

Semillon

产地

法国波尔多南部苏玳地区（贵腐葡萄酒）、澳大利亚等

建议饮用温度

6~10℃

酒杯

白葡萄酒用标准品酒杯；

贵腐葡萄酒用小酒杯

适合搭配的菜肴

白葡萄酒适合搭配白肉鱼、蔬菜等；

贵腐葡萄酒适合搭配巧克力、蓝纹芝士等

赛美蓉

法国波尔多地区是法国白葡萄酒的主要产地，波尔多白葡萄酒一般用长相思或者密斯卡岱混酿而成。但是苏玳产区较为特殊，这里盛产一种高甜度的贵腐葡萄酒。苏玳产区位于加龙河及其支流锡龙河的交汇处，因其独特的地理位置，河的两岸常常雾气弥漫，所以葡萄果皮容易滋生贵腐霉菌。于是，当地人用这种看上去像腐败的干葡萄一样的贵腐葡萄，酿制出了浓郁甜美的贵腐葡萄酒。

贵腐葡萄酒糖分浓度高、口感香醇，呈现出亮丽的金黄色。它混合了黄桃、蜂蜜、杏、菠萝、洋梨、香草、柠檬、黄油、坚果等香气。酿造贵腐酒需要耗费大量的时间和精力，但是酿制出的贵腐酒有奢华的甜美浓郁的口感，不仅作为高端葡萄酒享誉世界，也深受广大葡萄酒爱好者的追捧。

此外，苏玳产区的贵腐酒与德国的逐粒枯葡萄精选贵腐酒、匈牙利的托卡伊（Tokaji）并称为世界三大贵腐酒，这三个地方是极品贵腐酒的知名产区。

黄桃　　　　　蜂蜜　　　　　杏

菠萝　　　　　洋梨　　　　　香草

柠檬　　　　　黄油　　　　　坚果

品种/白

灰皮诺

Pinot Gris

产地

法国阿尔萨斯地区、德国莱茵黑森地区、意大利、美国俄勒冈州、澳大利亚等

建议饮用温度

8~10℃

酒杯

竖长型小杯口酒杯

适合搭配的菜肴

鸡肉或猪肉料理、煎白肉鱼等

灰皮诺

灰皮诺原产于法国勃艮第地区，是黑皮诺的变异品种，果皮呈偏粉的紫红色。灰皮诺在法国阿尔萨斯地区被广泛种植，用它酿造的葡萄酒是明亮的金黄色。灰皮诺会呈现出苹果、葡萄柚、梨、木梨、菠萝、黑胡椒、丁香、蜂蜜等香气。

阿尔萨斯的灰皮诺葡萄酒有辛香料的浓郁口感；意大利的灰皮诺葡萄酒则大多带有新鲜香甜的果实气息。灰皮诺有许多不同的别名，在德国被称为"Grauburgunder""Rulander"；在意大利被叫作"Pinot Grigio"。

香气

苹果　　　　葡萄柚

梨　　　　　木梨

菠萝　　　　黑胡椒

丁香　　　　蜂蜜

品种/白

维欧尼
Viognier

产地
法国罗讷河谷北部&朗格多克地区、美国、澳大利亚、南非等

建议饮用温度
6~10℃

酒杯
竖长型小杯口酒杯

适合搭配的菜肴
咕咾肉等中式菜肴、产地地方菜肴等

维欧尼

维欧尼是法国罗讷河谷北部主要栽种的白葡萄品种。在孔得里约产区和格里叶酒庄用维欧尼单一品种的葡萄酿制而成的葡萄酒远近闻名。

维欧尼这种葡萄品种适宜温暖的气候，有香甜的果实气息，香气馥郁，用它酿制的葡萄酒芳醇浓郁。在罗讷河谷北部的罗第丘，当地人会用维欧尼和西拉混酿红葡萄酒，但维欧尼的占比非常少，只作为西拉的辅助品种，一般占5%~20%。

维欧尼葡萄酒的颜色为明亮的金黄色，呈现出桃子、芒果、杏、洋梨、蜂蜜、白花、肉桂等香气。

香气

桃子　　芒果

杏　　洋梨

蜂蜜　　白花

肉桂

品种/白

琼瑶浆

Gewurztraminer

产地

法国阿尔萨斯地区、德国法尔兹&巴登地区、
意大利、奥地利等

建议饮用温度

6~12℃

酒杯

竖长型小杯口酒杯

适合搭配的菜肴

产地地方菜肴、咖喱等

琼瑶浆

琼瑶浆，又名特拉密。"Gewürz"在德语里是"辛辣的，强烈香味"的意思，"Traminer（塔明娜）"是意大利的一个葡萄品种。琼瑶浆是塔明娜的粉色芳香型变种。法国阿尔萨斯地区和德国法尔兹地区是琼瑶浆的主要产区。

琼瑶浆适宜凉爽的气候，葡萄果实颜色粉中带红，但酿制出来的酒属于白葡萄酒品种。葡萄酒的颜色为明亮的金黄色，呈现出荔枝、百香果、玫瑰、黑胡椒、肉桂、小茴香、红茶等香气。琼瑶浆浓烈的香气具有东方口感，它的酿造方法多种多样，从干型葡萄酒到甘甜的贵腐葡萄酒都可以酿制。

香气

荔枝

百香果

玫瑰

黑胡椒

肉桂

小茴香

红茶

西万尼

Silvaner

产地

德国、法国阿尔萨斯地区、奥地利、瑞士等

建议饮用温度

6~10℃

酒杯

竖长型小杯口酒杯

适合搭配的菜肴

烤白肉鱼、土豆料理、香肠、火腿等

西万尼

在德国，西万尼葡萄是酿制白葡萄酒的主要葡萄品种。在德国中南部的法兰肯地区，利用当地石灰质土壤栽种的西万尼可以酿制出高品质的白葡萄酒。该地区还有一种叫作"巴克斯波以透"的大肚酒瓶非常有名。西万尼葡萄酒的颜色为绿中略带黄色，呈现出苹果、梨、柠檬、桃子、白花、蜂蜜、石头、粉笔等香气。用西万尼酿造的葡萄酒大多富含矿物质，具有清新爽口的酸味和些许辣味。西万尼既可以酿制干型白葡萄酒，也可以酿制甜葡萄酒，可以说这是一种能凸显风土特点的葡萄品种。在法国阿尔萨斯地区西万尼被叫作"Sylvaner"。

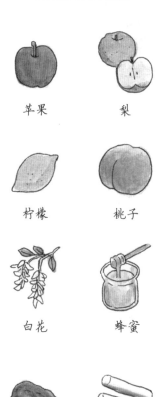

香气

苹果　　　　梨

柠檬　　　　桃子

白花　　　　蜂蜜

石头　　　　粉笔

米勒-图高

Muller Thurgau

产地
德国、奥地利、意大利、日本等

建议饮用温度
6~10℃

酒杯
竖长型小杯口酒杯

适合搭配的菜肴
烤蔬菜、薄切生肉、天妇罗等

米勒－图高

米勒-图高是植物学家赫尔曼·米勒（Herman Miller）在瑞士东北部高尔图州培育的葡萄品种。它是雷司令和皇家玛德琳（Madeleine Royale）的杂交品种。而皇家玛德琳是黑皮诺和罗特灵格（Trollinger）的杂交品种。

德国是米勒-图高葡萄品种的主要产区。该品种属于早熟葡萄，收获较早，能适应广泛的气候类型和土壤条件，在澳大利亚、意大利，还有日本的山梨县、山形县等地都有种植。

米勒-图高的颜色为绿中略带浅黄色，呈现出苹果、葡萄柚、梨、柠檬、白花等香气。由它酿制的葡萄酒具有新鲜的果实香气、口感清淡柔顺。而且米勒-图高的酿制范围广泛，从干型到甜型都能酿制。

香气

苹果

葡萄柚

梨

柠檬

白花

品种/白

白诗南

Chenin Blanc

产地

法国卢瓦尔地区、南非、美国、智利等

建议饮用温度

6~10℃

酒杯

竖长型小杯口酒杯

适合搭配的菜肴

蛋黄酱煮蔬菜、奶汁烤菜、混合奶油的鱼类菜

肴等

白诗南

白诗南产自法国卢瓦尔河谷的安茹地区，在卢瓦尔河谷产区也被称为"Pineau de la Loire"。从干型葡萄酒到贵腐葡萄酒、起泡酒，白诗南可以酿造出各式各样的葡萄酒。在新世界产区南非，白诗南遍布各地，在当地被叫作"Steen"。

在卢瓦尔河谷产区，白诗南呈现出苹果、酸橙、木梨、桃子、白花、坚果、石头等香气，其特征是层次丰富的酸味和清爽的口感。产于南非的白诗南又增加了菠萝、百香果、芒果干等香气，具有浓密的香味和圆润的酒体。

苹果　　　　酸橙

木梨　　　　桃子

白花　　　　坚果

石头　　　　菠萝

百香果　　　芒果干

122

产地

日本山梨县甲府市等

建议饮用温度

6~8℃

酒杯

竖长型小杯口酒杯

适合搭配的菜肴

寿司、生鱼片等

甲州

甲州葡萄产于日本山梨县，是日本最具代表性的酿酒葡萄品种。据说早在一千多年以前，日本就开始种植甲州葡萄。日本山梨县是甲州葡萄栽种面积最大、收成量最多的地区。

欧洲葡萄的特点是糖分高、酸味尖锐，甲州葡萄虽然也属于酿酒葡萄，但也可以直接食用，外皮呈浅淡的红紫色。甲州葡萄酒的酒体为浅黄色，呈现出青苹果、柠檬、酸橙、洋梨、桃子、青草等香气。而且酸味柔和、清新爽口，有醇郁的苦味，整体口感舒适。

香气

青苹果

柠檬

酸橙

洋梨

桃子

青草

产区

酿酒葡萄适宜种在哪里

贫瘠的土地和艰苦的环境更能培育出优质的葡萄

葡萄酒的品质主要受年平均气温、日照时间和降水量等因素的影响。在北半球和南半球分别有一个盛产葡萄酒的区域，叫作"葡萄酒带"，具体指北纬30~50度，南纬20~40度的地方。受全球气候变暖的影响，人们认为该区域位置之后可能会移动，目前为止，世界顶级葡萄酒使用的葡萄都是在这两条葡萄酒带里栽种的。

一般来说，在气候温暖的产区，葡萄果皮着色充分，因而葡萄酒的色调较深，含糖量和发酵后的酒精度也较高，酿制的葡萄酒酸味平稳。而在气候凉爽的产区，因为光照不足，葡萄不容易着色，因而葡萄酒的颜色较浅，酒精度数也比较低，酸味突出且尖锐。

通常情况下，农作物都适合栽种在肥沃的土地上，但是酿酒葡萄树种植在肥沃土地上枝叶会过于繁茂，不利于果实的成长。酿酒葡萄树需要更多的水分和养分，树根需向地下深扎、蔓延才能结出高品质

125

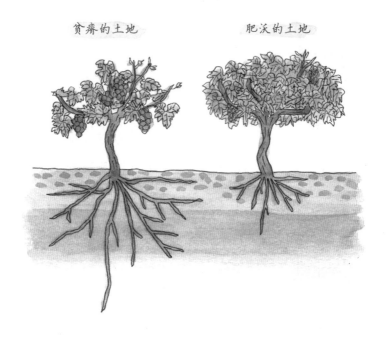

贫瘠的土地　　　　　　肥沃的土地

　　的葡萄。因此大部分的酿酒葡萄树更适宜栽种在排水性好却贫瘠
的土地上。在这种艰苦环境里生长的葡萄树，把从树根里汲取的
养分全部都输送进果实里，这样才会长出优质的葡萄。

● 种植酿酒葡萄的适宜条件

区域——北纬30~50度、南纬20~40度

年平均气温——10~16℃

从开花到收获的光照时间——1250~1500小时

年降水量——500~800ml

● 北半球葡萄酒的主要产地

法国、意大利、德国、匈牙利、奥地利、格鲁吉亚、葡萄牙、西班牙、美国、加拿大、日本等。

● 南半球葡萄酒的主要产地

澳大利亚、新西兰、智利、阿根廷、南非等。

前文我提过葡萄酒的产地分为"旧世界"和"新世界"。旧世界主要指欧洲国家，这些国家的葡萄酒酿制起源于公元前，随着基督教的传播范围也逐渐扩展。而新世界指的是酿造葡萄酒的新兴国家，例如美国、智利、澳大利亚、南非等。最早主要集中在英国殖民地，由殖民者开启了这些国家的酿酒历史。近年来，日本的葡萄酒酿造业开始兴起，也算是新世界的一员了。

优质的酿酒葡萄在全世界范围内被广泛种植，如果想要深入地了解葡萄酒的知识，最便捷的方法就是先从了解法国葡萄酒开始。因为几乎所有的新世界葡萄酒都以法国葡萄酒为蓝本，只要读懂法国葡萄酒，就会更容易全面地了解葡萄酒。也有一些新世界国家会培育法国种植的品种，专门邀请法国的葡萄酒酿造专家，并在其指导下酿造葡萄酒。

　　一般情况下，新世界的葡萄酒如果用波尔多地区的葡萄品种酿制，例如赤霞珠、梅洛、长相思等，就会用波尔多瓶；如果用勃艮第地区的葡萄品种酿制，例如黑皮诺、霞多丽等，就会用勃艮第瓶。

法国

拥有悠久历史和许多知名产区的葡萄酒大国

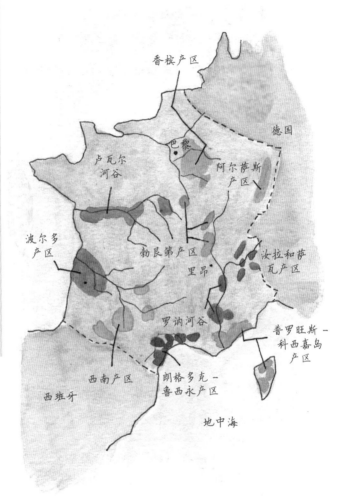

香槟产区

德国

卢瓦尔河谷

巴黎

阿尔萨斯产区

波尔多产区

勃艮第产区

里昂

汝拉和萨瓦产区

罗讷河谷

普罗旺斯－科西嘉岛产区

西南产区

朗格多克－鲁西永产区

西班牙

地中海

法国是世界上屈指可数的葡萄酒大国，有波尔多、勃艮第、香槟等著名的葡萄酒产区。法国具有悠久的葡萄酒酿造历史，早在公元前600年，当时的希腊人就将葡萄酒的种植及酿造工艺传入了现在的法国南部马赛地区。随着基督教的传播，葡萄的种植遍布了法国全境。18世纪后半期，主要是贵族和教会栽种葡萄、酿制优质葡萄酒。

法国葡萄酒的分级"AOP制度"

（2009年之前叫作"AOC制度"）

AOP ——— 法定产区葡萄酒

IGP ——— 地区餐酒

VIN DE TABLE ——— 日常餐酒

随着葡萄酒产业的发展，为了避免大量粗制滥造的低劣葡萄酒流入市场，法国制定了葡萄酒等级制度，对原料以及产区设定了基本标准，以便对国内生产的葡萄酒进行严格的品质把控。2009年以前，法国一直是单独使用品质等级"AOC（Appellation d'Origine Controlee）"，从2009年的葡萄收获期开始，转而使用欧盟的葡萄酒等级制度"AOP（Appellation d'Origine Protégée）"。如果酒瓶的标签上标示为"Appellation XXX（地区或葡萄园名称）Protégée"，就表明这款葡萄酒是符合AOP级别的高级葡萄酒。

波尔多产区

拥有著名酒庄的高级葡萄酒产区

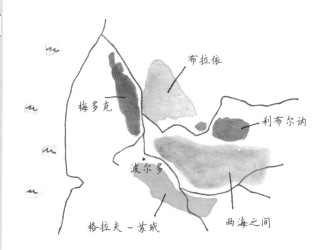

布拉依

梅多克

利布尔讷

波尔多

格拉夫－苏玳

西海之间

利布尔讷（右岸地区）
著名的产区

梅多克地区的
著名产区

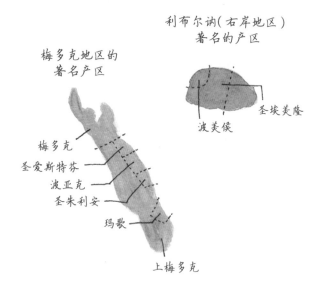

波美侯

圣埃美隆

梅多克

圣爱斯特芬

波亚克

圣朱利安

玛歌

上梅多克

波尔多是法国著名的葡萄酒产区之一，位于法国西南部，三条河流经这里。波尔多属于温暖的海洋性气候，这里酿制的几乎都是AOP等级的葡萄酒。

吉伦特河左岸是梅多克地区和格拉夫地区，多尔多涅河右岸是波美侯地区和圣埃美隆地区。以红葡萄酒为例，左岸的梅多克地区和格拉夫地区有以赤霞珠为主的强劲葡萄酒；右岸的波美侯地区和圣埃美隆地区则有以梅洛为主的口感圆润的葡萄酒。可以说波尔多地区是融合了多种葡萄酒特征的产区。

12世纪后的大约三百年里，波尔多一直被英国统治。贵族阶层通过向英国出口葡萄酒而富裕起来，掌握了大面积的葡萄园。他们在城堡一样的庄园里酿制葡萄酒，因此把这样的酿酒厂称为"酒庄（Chateau）"。

波尔多世界顶级的五大葡萄酒酒庄

在1855年的巴黎万国博览会上，梅多克地区的葡萄酒酒庄被分成了五个等级。其中有四个一级酒庄，1973年又有一家酒庄升为一级。这五个酒庄被称为"波尔多五大名庄"，现在在全世界也是顶级的葡萄酒酒庄。

拉菲酒庄（Chateau Lafite Rothschild）——路易十五的情妇

波尔多产区的分级制度

1级酒庄	Premiers Crus
2级酒庄	Deuxièmes Crus
3级酒庄	Troisièmes Crus
4级酒庄	Quatrièmes Crus
5级酒庄	Cinquièmes Crus

庞巴迪将拉菲葡萄酒带入巴黎凡尔赛宫。

玛歌酒庄（Chateau Margaux）——普遍认为玛歌是五大酒庄里最具女性气息的，海明威很喜欢玛歌酒庄的葡萄酒。

拉图酒庄（Chateau Latour）——酒庄的标志建筑是英法百年战争之后重建的圆形楼塔。

奥比昂酒庄（Chateau Haut-Brion）——这是五大酒庄中唯一来自格拉夫地区的酒庄。

木桐酒庄（Chateau Mouton Rothschild）——1973年升级为一级酒庄的特例。每年在酒标上都用一幅艺术家的绘画作品作为标签的装饰，这成为木桐酒庄的标志，非常有名。

酿造葡萄酒使用的主要葡萄品种

红葡萄——赤霞珠、梅洛、品丽珠

白葡萄——长相思、赛美蓉、密斯卡岱

拉菲酒庄　　玛歌酒庄　　拉图酒庄　　奥比昂酒庄　　木桐酒庄

勃艮第产区

不同葡萄园各具特点的葡萄酒

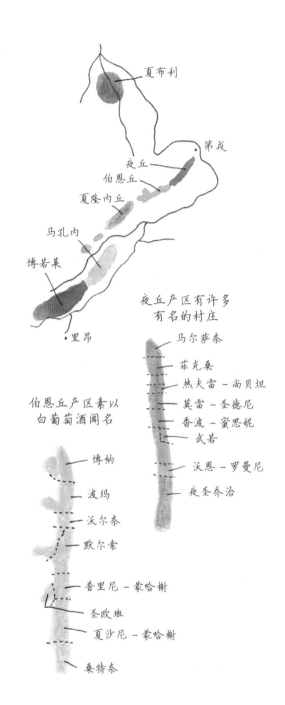

夏布利

第戎

夜丘

伯恩丘

夏隆内丘

马孔内

博若莱

里昂

夜丘产区有许多
有名的村庄

马尔萨奈

菲克桑

热夫雷－尚贝坦

莫雷－圣德尼

香波－蜜思妮

武若

沃恩－罗曼尼

夜圣乔治

伯恩丘产区素以
白葡萄酒闻名

博纳

波玛

沃尔奈

默尔索

普里尼－蒙哈榭

圣欧班

夏沙尼－蒙哈榭

桑特奈

勃艮第位于法国东部，南北纵横约三百公里，是一块广袤的葡萄种植区。勃艮第是和波尔多齐名的著名葡萄酒产区，从北边的夏布利产区到南边的博若莱产区，这里酿制着酒体丰富的葡萄酒，该地区的葡萄酒全部是用单一葡萄酿制的。19世纪之前的优质葡萄酒大多是由修道院酿制的，但是法国大革命没收了优良的葡萄园，革命结束后，这些葡萄园被不断地继承和转卖，结果葡萄园越分越细，到后来一块田普遍都有好几个主人。这种一个人单独掌管一块田的情况被叫作"独占园"。

采用特有的严格等级制度

勃艮第产区把拥有葡萄园、栽种葡萄、酿造葡萄酒、灌装这一系列环节的负责人统称为"domaine"，这样的场所相当于波尔多产区的"酒庄"。此外，该地区有一部分商人从签约农户手里购买葡萄、酿造葡萄酒、灌装，然后再卖出去，这些葡萄酒商被统称为"négociant（葡萄酒批发商）"。他们收购更小的葡萄栽培者和酿酒者的葡萄或葡萄酒，制成的葡萄酒以自己的品牌进行销售。

除了一般的地区名和村庄名，勃艮第产区还有一种特有的等级制度——按照葡萄园定级。最顶端的是特级葡萄园（Grand Cru），其次是一级葡萄园（1er Cru）。范围逐渐扩大，按照葡

勃艮第产区的分级制度

特级园	Grandes Crus
1级园	Premiers Crus
村庄级	Communales
大区级	Regionales

萄园→村庄→产区→地区的层级，范围越小级别越高。

低级←→高级

地区名（勃艮第）

产区名（夜丘）

村庄名（沃恩-罗曼尼）

一级葡萄园（苏秀园）

特级葡萄园（罗曼尼·康帝）

酿造葡萄酒使用的主要葡萄品种

红葡萄——黑皮诺、佳美（博若莱地区）

白葡萄——霞多丽

香槟产区

因为『香槟王(Dom Pérignon)』，香槟酒在全世界卷起热潮

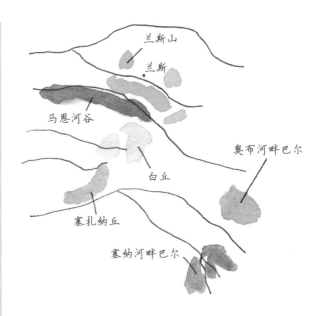

兰斯山

兰斯

马恩河谷

奥布河畔巴尔

白丘

塞扎纳丘

塞纳河畔巴尔

香槟产区的业态

NM *Negociant Manipulant*
香槟酒商

从葡萄种植农那里收购葡萄来酿造香槟酒的酒商。 ⟨大型酿酒商⟩

CM *Cooperative-Manipulant*
香槟合作社

用合作社成员种植的葡萄来酿制香槟酒，并统一推广和销售。

RM *Recoltant Manipulant*
自制香槟的农户

用自家葡萄园的葡萄在自有场所酿制香槟酒，并以自己品牌出售。 ⟨和勃艮第的酒庄(domaine)相同⟩

香槟区位于法国东北部，是法国最北部的葡萄园，生产的90%以上都是起泡酒。该区气候寒冷，冬季葡萄酒会停止发酵，但是到了春季，因为天气转暖，装瓶的葡萄酒又会重新开始发酵，产生的二氧化碳无法释放，瓶内气压不断升高，达到一定程度则会引发爆炸，人们被这个问题困扰了许多年。直到17世纪唐·佩里侬修道士为起泡酒生产做出了巨大的改进和创新，也是他最先将葡萄品种进行混酿，最终酿制出了享誉世界的香槟酒。

"香槟（Champagne）"是该地区种植的葡萄酿制的起泡酒的品牌，仅指通过酒瓶内二次发酵制成的起泡酒，其他产区酿造的法国起泡酒只能称为"传统起泡酒（Vin Mousseux）"。

混酿酒所用的葡萄有黑皮诺、莫尼耶皮诺和霞多丽。仅使用霞多丽酿制出的葡萄酒叫作"白中白香槟"；使用黑皮诺、莫尼耶皮诺混酿的葡萄酒叫作"黑中白香槟"。

为了保证葡萄酒品质的稳定，许多情况下不同年份的葡萄酒会使用同一品牌，因此酒标上基本不会记载年份。如果酒标上记录了葡萄收获的年份，就被称为"年份香槟（Vintage Champagne）"或"陈年香槟（Millesime）"，这证明此年份是好年份。

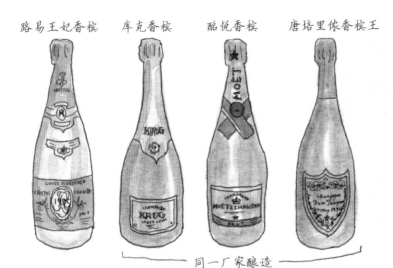

路易王妃香槟　　库克香槟　　酩悦香槟　　唐培里侬香槟王

全部都是
香槟酒商

同一厂家酿造

有名的葡萄酒商MHD

在香槟产区一般实行分工制，即农户栽种葡萄，酒商酿造葡萄酒并售卖。其中，酩悦轩尼诗帝亚吉欧洋酒有限公司（Moët Hennessy Diageo）是特别有名的酒商，该公司生产了"唐培里侬香槟王（Dom Pérignon）""酩悦香槟（Moët et Chandon）"等多种品牌的葡萄酒。

酿造葡萄酒使用的主要葡萄品种

红葡萄——黑皮诺、莫尼耶皮诺

白葡萄——霞多丽

卢瓦尔河谷产区

在『皇家后花园』酿造的葡萄酒清新爽口、深受欢迎

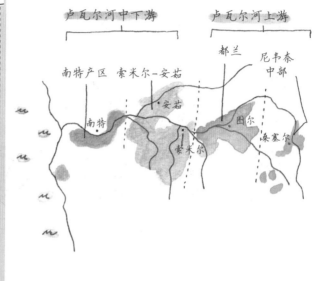

卢瓦尔河中下游   卢瓦尔河上游

南特产区   索米尔-安茹   都兰   尼韦奈中部

南特   安茹   图尔   桑塞尔

索米尔

  卢瓦尔河谷产区位于法国西北部，这里流经了法国最长的河流——全长约一千公里的卢瓦尔河。同时，这里也是著名的旅游景区，气候温暖，中世纪的城堡簇拥林立，被誉为"皇家后花园"。该区地处法国北部，产出的葡萄酒大多酸味十足、清新爽口。卢瓦尔河谷产区可分为四个子产区，每个子产区酿制的葡萄酒都各有其特色。

142

罗讷河谷产区

代表法国南部地区的葡萄酒产地

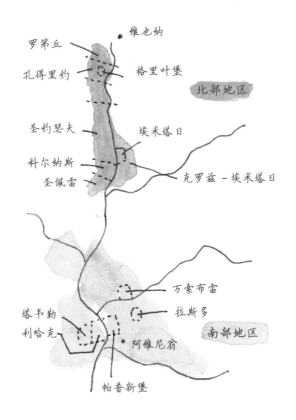

罗第丘
孔得里约
格里叶堡
维也纳

北部地区

圣约瑟夫
埃米塔日

科尔纳斯
圣佩雷

克罗兹-埃米塔日

万索布雷
拉斯多

塔韦勒
利哈克
阿维尼翁

南部地区

帕普新堡

　　罗讷河谷位于法国东南部，长长的罗讷河南北流淌了约二百公里，河谷区就是罗讷河两岸的区域。在法国，该区的葡萄酒产量仅次于波尔多。罗讷河谷分为北部和南部两片区域，特别是以罗第丘、埃米塔日为代表的北部地区，酿造的葡萄酒品质优异、远近闻名。有些产区还将红葡萄西拉和白葡萄维欧尼混调酿造葡萄酒。

143

阿尔萨斯产区

沿莱茵河发展起来的白葡萄酒圣地

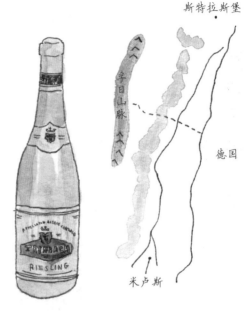

类似于德国葡萄酒的
细长型酒瓶。

阿尔萨斯产区位于法国东北部，从斯特拉斯堡到米卢斯，南北纵横100公里，西边连接着孚日山脉。该地区降水量较少，日照充足，这种半大陆性气候很适合酿制白葡萄酒。阿尔萨斯临近德国，种植的葡萄多用于酿造单一品种白葡萄酒，最知名的是雷司令和琼瑶浆。酒瓶是类似于德国葡萄酒的细长型酒瓶。

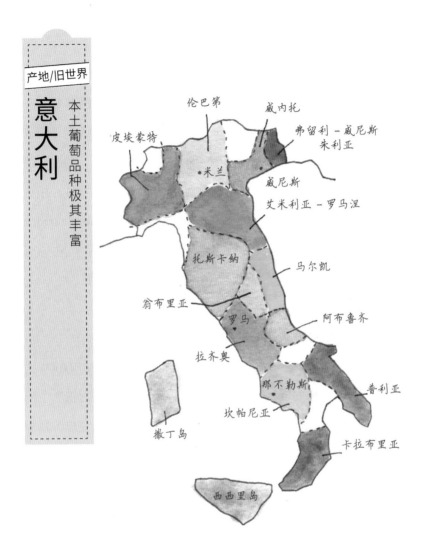

意大利

本土葡萄品种极其丰富

伦巴第

威内托

弗留利－威尼斯
朱利亚

皮埃蒙特

米兰

威尼斯

艾米利亚－罗马涅

托斯卡纳

马尔凯

翁布里亚

罗马

阿布鲁齐

拉齐奥

那不勒斯

普利亚

坎帕尼亚

撒丁岛

卡拉布里亚

西西里岛

意大利属于地中海气候，夏季光照强烈，冬季降水丰沛，很适宜葡萄种植。意大利的20个行政区都是历史悠久的葡萄酒产区，最早起源于古罗马时代。从中世纪到19世纪，意大利分裂成了多个小国，各区酿制的葡萄酒品种丰富，形式多样。酿制葡萄酒的葡萄大多是本土品种，仅获欧盟认可的就有四百多种。相对于法国的AOP等级制度，意大利采取的是DOP（Denominazione di Origine Protetta）等级制度。

下面我简单介绍一下意大利各地酿制的知名葡萄酒。

西北部皮埃蒙特区的葡萄酒

巴罗洛（Barolo）——意大利顶级的红葡萄酒，使用100%内比奥罗葡萄（Nebbiolo）酿制而成，被誉为"葡萄酒之王"。巴罗洛是长期熟成型葡萄酒，陈年潜力高，熟成时间为三年，其中有两年需要用橡木桶熟成。口感醇厚、层次丰富。

巴巴莱斯科（Barbaresco）——100%内比奥罗品种酿制的葡萄酒，比巴罗洛的熟成时间短，口感细腻，深受欢迎。

中部托斯卡纳区的葡萄酒

经典基安蒂（Chianti Classico）——使用意大利著名的桑娇维塞品种酿制而成，以其"黑公鸡"的标志著称。这款顶级葡萄酒享有贵族般的盛誉，其周边的产区被誉为"基安蒂产区"，其中较早种植这种葡萄品种的地带又被称为"经典基安蒂产区"。

蒙达奇诺·布鲁奈罗（Brunello di Montalcino）——使用桑娇维塞的变种布鲁奈罗酿制而成，与巴罗洛、巴巴莱斯科一并被誉为"意大利三大红葡萄酒"。熟成时间为四年，其中两年时间为橡木桶熟成，属于长期熟成型葡萄酒。

超级托斯卡纳（Super Tuscans）——起源于托斯卡纳区的海岸，使用赤霞珠品种酿制，这款酒曾一度仅供个人消费。到了20世纪70年代，开始作为普通酒品销售，广受欢迎。超级托斯卡纳不符合于意大利的葡萄酒等级制度，因此当时只是普通级别的餐酒，但是后来跃升为DOC（现在是DOP，法定产区葡萄酒）名录的第二位，成为充满传奇色彩的顶级葡萄酒。

意大利葡萄酒的分级

DOP — 法定地区餐酒（旧称 DOCG 或 DOC）

IGP — 地方餐酒（旧称 IGT）

Vino — 日常餐酒（旧称 VDT）

西北部伦巴第区的葡萄酒

弗朗齐亚柯达（Franciacorta）——这款酒和法国香槟地区的葡萄酒一样，都是在瓶内进行二次发酵的高品质起泡酒。使用霞多丽、白皮诺、黑皮诺等法国原产葡萄品种混酿而成。

产地/旧世界

西班牙

拥有世界顶级的葡萄酒生产规模

西班牙葡萄酒的分级制度

VP	特优级法定产区葡萄酒
DOCa	特级法定产区葡萄酒
DO	法定产区葡萄酒
VCIG	地区标识葡萄酒
Vino de la Tierra	地区餐酒
Vino de Mesa	日常餐酒

西班牙位于伊比利亚半岛，因其得天独厚的地理环境和气候，这里栽种着大面积的葡萄。西班牙的葡萄种植面积和葡萄酒产量均位居世界前列。特别是中部的拉曼查产区，其葡萄产量约占全西班牙的一半。

北部的里奥哈产区还从法国的波尔多学习葡萄酒酿造技术，生产出许多品质优良的葡萄酒。1991年，西班牙葡萄酒等级中增加了DOCa级别，里奥哈产区被评选为"第一个特级法定产区"。里奥哈产区分布于埃布罗河两岸，根据土壤和海拔高度共分为三个主要产区，这里产出的"单魄（Tempranillo）红葡萄酒"远近闻名，被誉为"里奥哈之魂"。

里奥哈三大葡萄酒产区

上里奥哈产区——位于埃布罗河上游，生产适合长期熟成的高级葡萄酒。

里奥哈三大葡萄酒产区

上里奥哈
（Rioja Alta）

阿拉维萨里奥哈
（Rioja Alavesa）

下里奥哈
（Rioja Baja）

阿拉维萨里奥哈——位于埃布罗河北岸，从新酒到长期熟成的葡萄酒都可以生产。

下里奥哈——位于埃布罗河下游，因气候环境不佳，产出的葡萄品种酿制而成的葡萄酒大多是高度数的红葡萄酒和桃红葡萄酒。

葡萄酒种类丰富多样的产区

佩内德斯（Penedes）——位于地中海海岸，是世界著名的起泡酒"卡瓦（Cava）"的产地。沿用了法国香槟地区起泡酒的酿造工艺，即进行酒瓶内二次发酵的方法酿制而成，主要使用当地的葡萄品种马家婆（Macabeo）、帕雷亚达（Parellada）和沙雷洛（Xarel-lo）。

曼萨利亚（Manzanilla）——该区生产的雪莉酒是一种酒精浓度较高的葡萄酒。易储存，风味稳定。这款酒在大航海时代作为船只出口往来的贸易品而获得快速发展。在西班牙、南非等地区有着丰富的葡萄酒生产线，不仅有帕洛米诺（Palomino）酿造的干型雪莉酒，还有佩德-罗西门内（Pedro Ximenez）酿造的超甜雪莉酒，种类丰富多样，充满魅力。

产地/旧世界

德国

寒冷的气候孕育出富有魅力的高品质白葡萄酒

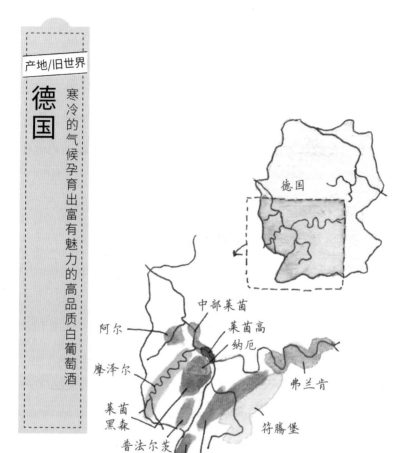

德国

中部莱茵

阿尔

莱茵高

纳厄

摩泽尔

弗兰肯

莱茵
黑森

符腾堡

普法尔茨

巴登

152

德国是全世界最北部的葡萄酒产区。这里气候寒冷，葡萄种植的条件相对严苛。一般会在沿河朝南且陡峭的河边坡地上开拓葡萄园，通过反射河面上的太阳光等为葡萄种植提供更多的光照条件。这里的土壤能很好地吸收和释放热量，适合葡萄的生长发育。德国产区的葡萄主要用来酿造单一品种的白葡萄酒。

德国的葡萄酒主要分为四个等级，与其他国家不同，德国以糖分含量作为划分标准（最高级别为QmP），并且用"干型（Trocken）"来表示含糖量的多少。虽然德国素以甜型白葡萄酒著称，但是干型葡萄酒拥有爽口美味、酸度适中的果酸味，适合搭配菜肴，非常推荐大家试一试。

高级优质餐酒QmP的六个等级

逐粒枯葡萄精选贵腐酒（Trockenbeerenauslese）——使用贵腐葡萄酿制而成的葡萄酒。

冰葡萄酒（Eiswein）——使用冰冻葡萄酿制而成的葡萄酒。

逐粒精选葡萄酒（Beerenauslese）——选用贵腐葡萄、完全成熟的葡萄酿制而成的葡萄酒。

逐串精选葡萄酒（Auslese）——选取完全成熟的葡萄酿制而成的葡萄酒。

晚摘葡萄酒（Spatlese）——选用较晚采摘的葡萄酿制而成的葡萄酒。

德国葡萄酒的分级制度（由高到低）

Qmp —— 高级优质餐酒
QbA —— 优质餐酒
Landwein —— 地区餐酒
Deutscher wein —— 日常餐酒

高级优质餐酒 QmP 的
六个等级（由高到低）

逐粒枯葡萄精选贵腐酒
冰葡萄酒
逐粒精选葡萄酒
逐串精选葡萄酒
晚摘葡萄酒
珍酿葡萄酒

珍酿葡萄酒（Kabinett）——选用一般成熟的葡萄酿制而成的葡萄酒。

各有特色的葡萄酒产区

摩泽尔（Mosel）——位于德国摩泽尔河两岸，40%以上的葡萄都种植在大于30°的陡峭斜坡上。摩泽尔主要生产雷司令品种酿制的葡萄酒，其中"伯恩卡斯特医生葡萄园（Bernkastel

Doctor）"非常有名。在德国，还有很多类似这种名字的有趣的葡萄园。

莱茵高（Rheingau）——著名的莱茵高葡萄酒产地位于莱茵河两岸，这里也是雷司令葡萄酒的主要生产地。据历史记载，修道院曾对葡萄酒的酿造发挥了很重要的作用，如今这里仍然生产着世界顶级的葡萄酒。在莱茵高的葡萄园中，"约翰山酒庄（Schloss Johannisberg）"非常有名。

弗兰肯（Franken）——位于美因河及其支流两岸，生产西万尼品种酿造的高品质干型白葡萄酒。QbA以上级别的葡萄酒装在独特的扁圆形瓶子里，这种瓶子叫作"Bocksbeutel"，即弗兰肯白葡萄酒瓶。

普法尔茨（Pfalz）——德国最大的红葡萄酒产区。因为光照不充足，葡萄着色不佳，很难种植出品质优良的葡萄。不过近年来，当地人用黑皮诺也酿造出了高品质的红葡萄酒。其中，"维尔兹堡施坦因葡萄园（Würzburger Stein）"非常有名。

美国

美国在遭受植物病害和禁酒令之后，成为葡萄酒的重要产区之一

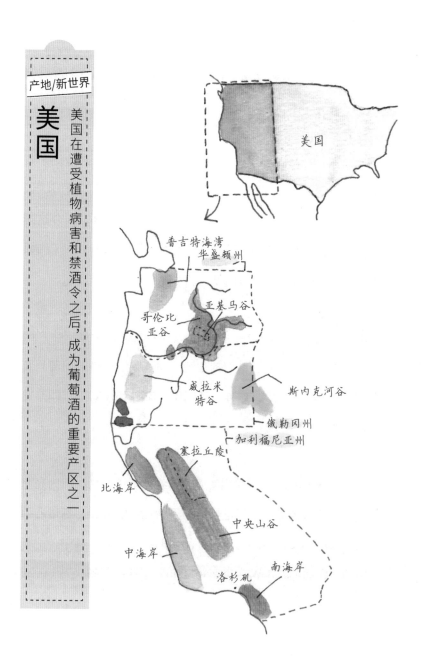

美国

普吉特海湾
华盛顿州
亚基马谷
哥伦比亚谷
斯内克河谷
威拉米特谷
俄勒冈州
加利福尼亚州
塞拉丘陵
北海岸
中央山谷
中海岸
洛杉矶
南海岸

美国从殖民扩张时期就开始广泛酿制葡萄酒。19世纪70年代，根瘤蚜虫病害使得美国加州的许多葡萄园受到破坏。到了20世纪20至30年代，美国颁布了禁酒令，又使葡萄酒的酿制受到了重创。后来因为加利福尼亚大学研究的葡萄种植成果和酿造技术，葡萄酒的酿制终于在加州得以复兴。20世纪60年代，被后世称为"加州葡萄酒之父"的罗伯特·蒙达维（Robert Mondavi）生产出了用法国葡萄品种酿制的优质葡萄酒，以此为契机，美国诞生出了许多生产高品质葡萄酒的精品酒庄。

美国主要生产的是单一品种葡萄酿制的葡萄酒，而且一般会在酒标上标注使用的葡萄品种。

美国主要的葡萄酒产地

加利福尼亚州——位于加利福尼亚州北部的北海岸，汇集了纳帕谷、索诺玛等重要产区。这里环绕着山脉和海湾，昼夜温差大，气候凉爽。主要种植赤霞珠、霞多丽等多种法国葡萄品种，生产出了很多优质葡萄酒。

俄勒冈州——在法国举行的试饮酒会上，俄勒冈州的黑皮诺葡萄酒位居前列，此后黑皮诺在威拉米特谷也被广泛种植。

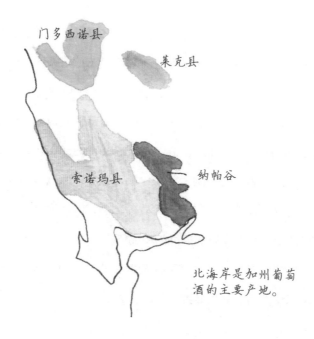

门多西诺县

莱克县

索诺玛县

纳帕谷

北海岸是加州葡萄酒的主要产地。

酿造葡萄酒使用的主要葡萄品种

红葡萄——金粉黛、赤霞珠、黑皮诺、西拉

白葡萄——霞多丽、长相思

澳大利亚

素以西拉闻名的南半球第一大产地

北部地区

昆士兰州

西澳大利亚州

南澳大利亚州

新南威尔士州

维多利亚州

塔斯马尼亚州

天鹅地区

吉奥格拉非

大南部地区

玛格丽特河

克莱尔谷

巴罗莎谷

猎人谷

悉尼

库纳瓦拉

雅拉谷

阿德莱德山区

国王谷

吉朗

墨尔本

澳大利亚的葡萄酒酿造史要追溯到1788年，这一年英国海军上将亚瑟·菲利普（Arthur Phillip）在悉尼种下了葡萄树。澳大利亚虽然面积广袤，但葡萄酒产地仅限于南纬30°以南的区域。这里的气候和土壤适宜种植葡萄，尤其是用来酿制红葡萄酒的西拉。西拉是酿制高品质葡萄酒的品种，享有"澳洲红葡萄酒之魂"的美誉。

澳大利亚南部的巴罗莎谷是顶级西拉葡萄酒的产地，这里生产酿制的红葡萄酒酒体浑厚强劲。而维多利亚州的雅拉谷是顶级黑皮诺的产地，同时，法国著名的酩悦香槟酒庄（Champagne Moet & Chandon，隶属于LV集团）在此投资建立了酒庄，利用瓶内二次发酵的制法，带头生产出了高品质的起泡酒。

酿造葡萄酒使用的主要葡萄品种

红葡萄——西拉、赤霞珠、梅洛

白葡萄——霞多丽、赛美蓉、长相思

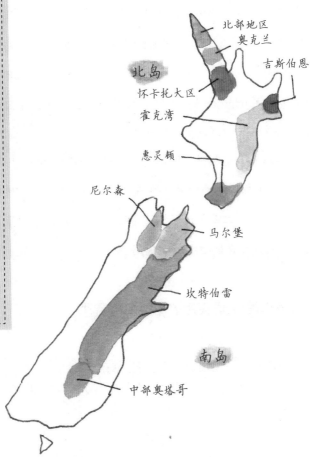

北部地区
奥克兰

北岛

吉斯伯恩

怀卡托大区

霍克湾

惠灵顿

尼尔森

马尔堡

坎特伯雷

南岛

中部奥塔哥

新西兰的北岛和南岛加起来一共有10个主要的葡萄酒产区。虽然酿造葡萄酒最早可以追溯到19世纪，但最近三十年新西兰葡萄酒的生产规模才得以扩大。新西兰气候寒冷，所以又被称为"南半球的德国"，这里酿制出的葡萄酒的最大特点是带有酸味。白葡萄酒最初主要是用雷司令酿制，从20世纪80年代后期开始，长相思的品质得到改良，现在长相思约占新西兰全部出口总量的80%，成为白葡萄酒的主要品种。特别是在南岛的马尔堡，昼夜温差大、土壤排水性能好，很适合葡萄的种植和葡萄酒的酿制。该产区使用长相思酿制的葡萄酒获得了国际上的普遍好评。

新西兰很早就引进了经过改良的螺旋瓶盖式酒瓶，现在该国约90%的葡萄酒都使用螺旋瓶盖。

酿造葡萄酒使用的主要葡萄品种

红葡萄——黑皮诺、梅洛

白葡萄——长相思、霞多丽、灰皮诺

智利

保留了法国葡萄酒香气的南美葡萄酒产地

南美洲

智利

阿根廷

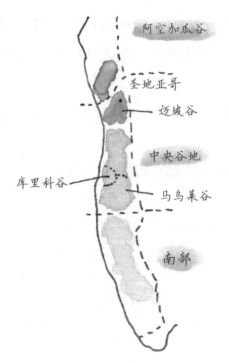

阿空加瓜谷

圣地亚哥

迈坡谷

中央谷地

库里科谷

马乌莱谷

南部

163

19世纪中期，智利从法国进口了高品质的葡萄树树苗，正式开启了葡萄酒酿造的历史。智利环山傍海，环境得天独厚，在地理位置上有周边国家庇护，因此幸免于美国和欧洲地区的根瘤蚜虫病害的破坏。受病虫害的重创的影响，欧洲许多种植专家、葡萄酒酿造专家移居到了智利，智利也因此成为新世界产区里有名的酿造法式葡萄酒的国家。

其中，迈坡谷是有名的波尔多葡萄酒的产地。1997年，法国的菲利普·罗斯柴尔德（Philippe Rothschild）男爵拥有的木桐酒庄（Chateau Mouton Rothschild），与智利著名的干露酒庄（Concha y Toro）合作建立了活灵魂酒庄（Almaviva Winery）。活灵魂酒庄的葡萄酒享有全世界的赞誉。

酿造葡萄酒使用的主要葡萄品种

红葡萄——赤霞珠、梅洛、佳美娜、西拉

白葡萄——长相思、霞多丽、赛美蓉

阿根廷

在安第斯山脚下酿造的优质葡萄酒

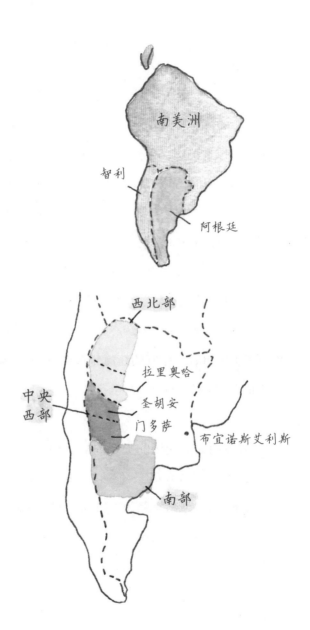

南美洲

智利

阿根廷

西北部

拉里奥哈

中央
西部

圣胡安

门多萨

布宜诺斯艾利斯

南部

阿根廷的葡萄园位于安第斯山脚下海拔较高的地方。此地降水量较少、气候干燥，需要引水浇灌。但植物害虫较少，所以酿造葡萄酒的葡萄几乎不含农药。阿根廷比邻国智利的酿酒历史更悠久，可以追溯到16世纪中期。当时的西班牙人带来了葡萄树苗，开启了阿根廷葡萄酒酿造的历史。很长一段时间内，阿根廷生产的葡萄酒都仅用作内销，直到19世纪中期，阿根廷学习了欧洲的葡萄栽培技术和葡萄酒酿造技术，葡萄酒的品质也随之提升，这时的葡萄酒才得以出口。1959年，阿根廷成立了葡萄种植酿造研究所，并通过葡萄酒法令进行品质管控。

中央西部地区的门多萨产区占葡萄酒总产量的70%，其中马尔贝克（Malbec）酿制的红葡萄酒和里奥哈特浓情（Torrontes Riojano）酿制的白葡萄酒非常有名。

酿造葡萄酒使用的主要葡萄品种

红葡萄——马尔贝克、伯纳达（Bonarda）、赤霞珠

白葡萄——佩德罗西门内（Pedro Ximénez）、里奥哈特浓情

产地/新世界

南非

生产的葡萄酒优质、低价，在全世界广受欢迎

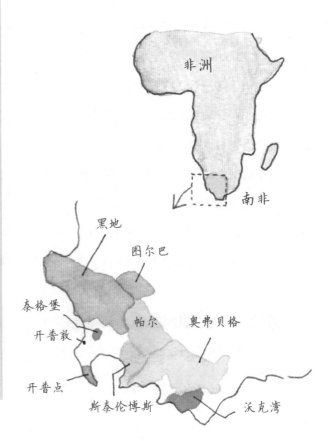

非洲

南非

黑地

图尔巴

泰格堡

开普敦

帕尔

奥弗贝格

开普点

斯泰伦博斯

沃克湾

南非位于非洲大陆最南端，受南极水域寒流的影响，气候凉爽、光照充足，是非常适合葡萄酒酿造的产地。南非的葡萄栽培和酿酒历史起源于荷兰东印度公司的殖民时期，荷兰人在这里种植了葡萄树。该国约90%的葡萄酒都是在开普植物生态保护区生产的，这里也是世界自然遗产之一。

斯泰伦博斯位于西开普省的海岸地区，离好望角很近，这里是南非首屈一指的葡萄酒产地。在斯泰伦博斯大学还有研究葡萄栽培技术、葡萄酒酿造技术的机构，该大学培养了多位葡萄酒酿造专家。其中赤霞珠等波尔多风格的红葡萄酒也很受欢迎。

酿造葡萄酒使用的主要葡萄品种

红葡萄——赤霞珠、西拉、皮诺塔吉（Pinotage）

白葡萄——白诗南、鸽笼白（Colombard）、开普雷司令（Cape Riesling）

日本

优秀的酒庄相继登场

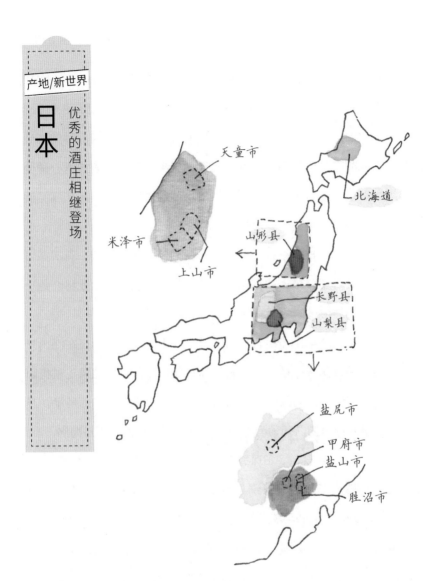

天童市

北海道

米泽市

山形县

上山市

长野县

山梨县

盐尻市

甲府市

盐山市

胜沼市

日本的葡萄酒酿造历史起源于日本明治时期（1868年—1912年），源于现在的山梨县甲府市。后来扩展到了长野县、山形县、北海道等日本各地。在以甲州为代表的日本葡萄品种的基础上，混酿了法国葡萄等品种，而且近年来的葡萄栽培技术、葡萄酒酿造技术也有了长足进步，对日本葡萄酒产业的兴起和高品质葡萄酒的生产起到了很大的推动作用。

2018年，日本举办了日本第一届葡萄酒庄园大赛，首次把日本酒庄进行了分级，共有10家酒庄荣获五星级。下面我将介绍一下我实地拜访过的两家酒庄。

三得利登美丘葡萄酒庄园位于日本山梨县，该酒庄在海内外的大赛中荣获过许多奖项。酿酒师对葡萄品种和当地风土进行研究，并使用自家葡萄园栽培的葡萄酿制出了高品质的葡萄酒。其中我最为推荐的白葡萄酒是甲州、霞多丽，红葡萄酒是梅洛。

日本山形县的武田酒庄用自家葡萄园栽培的葡萄酿造出的葡萄酒远近闻名。特别是用欧洲葡萄品种酿制的高级葡萄酒"Domaine Takeda系列"，在世界各地都获得了很高的评价。武田酒庄首次使用法国香槟地区的瓶内二次发酵法酿制葡萄酒，在日本开创了先例。用单一品种霞多丽酿制而成的起泡酒"Cuvée Yoshiko"口感醇香馥郁，气泡柔软美妙，由此可以看到日本葡萄酒未来的发展。

武田酒庄
"Cuvée Yoshiko 起泡酒"

登美丘酒庄
"登美葡萄酒"

酿造葡萄酒使用的主要葡萄品种

红葡萄——贝利A麝香（Muscat Bailey A）、梅洛、赤霞珠

白葡萄——甲州、霞多丽

Chapter 3

搭配不同葡萄酒的
美味菜肴

意大利白葡萄酒+西西里炖杂菜

食材（2人份）

西葫芦 ………………… 1个
茄子 …………………… 2个
洋葱 …………………… 1/2颗
红彩椒 ………………… 1颗
番茄罐头 ……………… 1罐
大蒜 …………………… 1瓣
橄榄油 ………………… 4大勺
黑葡萄醋 ……………… 1小勺
盐、黑胡椒粉 ………… 适量

夏天非常适合喝白葡萄酒。我特别喜欢喝口感清爽的冰镇白葡萄酒。我去附近的超市买了意大利的维拉·莫里诺干型白葡萄酒（Villa Molino Bianco）。这款葡萄酒产自威内托区西部的维罗纳。使用的葡萄品种是特雷比奥罗（Trebbiano）和卡尔卡耐卡（Garganega）。这两种葡萄都是意大利的本土葡萄品种。这款白葡萄酒的酒体颜色微绿且略带黄色，有葡萄柚和青苹果的清爽香气，还有尖锐的酸味，品一口仿佛是咬了一片柠檬，还有爽口的苦味。总体来说这款酒喝起来口感轻盈、清新爽口，非常适合冰镇后饮用。

意大利白葡萄酒最适合搭配西西里炖杂菜（Caponata）了。西西里炖杂菜是一道意大利菜肴，各地的做法会稍有差别，这款菜肴在法国被叫作"ratatouille"。蔬菜熬煮好后冷却片刻，香气就会渗入蔬菜里面，再放入冰箱冷却之后盛入盘中即可享用。还可以把芝士粉和橄榄油洒在用盐煮过的意大利面上，再把这道西西里炖杂菜浇在上面，改良版的番茄意大利面就完成啦！

意大利 🇮🇹

威内托大区

米兰

佛罗伦萨

威尼斯

亚得里亚海

罗马

那不勒斯

维拉·莫里诺干型白葡萄酒
（Villa Molino Bianco）

卡尔卡耐卡是威内托产区生产酿制白葡萄酒苏瓦韦（Soave）的主要葡萄品种。

产　地：意大利
酒庄：萨托利酒庄
葡萄品种：卡尔卡耐卡(Garganega)、
　　　　　特雷比奥罗(Trebbiano)

1. 将西葫芦和茄子切成半圆片，彩椒切成碎丁，洋葱切成丝，大蒜切成片。

2. 将橄榄油倒入平底锅中加热，把大蒜、洋葱放入锅中慢慢翻炒。

3. 将剩余的其他蔬菜放入锅中，开大火翻炒至蔬菜变色。

4. 加入番茄罐头，放入盐、黑胡椒粉、黑葡萄醋，慢慢熬煮。

完成

菜肴

法国博若莱新酒+红酒烩鸡

食材（2人份）

腌渍用的食材

鸡腿肉	200g
洋葱	1颗
胡萝卜	1根
大蒜	1瓣
肉桂	1根
红葡萄酒	375ml
小麦粉	适量
黄油	10g
盐、黑胡椒粉	适量

每年11月的第三个星期四是博若莱新酒的开售日。每到这个时候，世界各地的葡萄酒爱好者都会举办各种欢庆活动。

　　博若莱新酒是用"二氧化碳浸渍法"酿造而成的葡萄酒。主要方法是将红葡萄放入密闭酒桶里，然后将容器中充满二氧化碳静置数日后再压榨取汁，并将果汁进行发酵，充分酝酿出葡萄酒的颜色和香气，制成涩味较少的葡萄酒。用这种发酵法酿制而成的葡萄酒带有糖果的香气。侍酒师将其称作"草莓和甘草的香味"。只要了解了新酒的这一特点，就能尽情享受每年新酒开售日带来的无限乐趣了。

　　博若莱位于法国勃艮第的南部，勃艮第是法国有名的两大葡萄酒产区之一。我将为大家介绍一道用来搭配博若莱新酒的勃艮第本土菜肴"红酒烩鸡"，法语中叫作"coq au vin"。大家也可以在超市买一瓶价格便宜的博若莱葡萄酒做一道博若莱烩鸡。

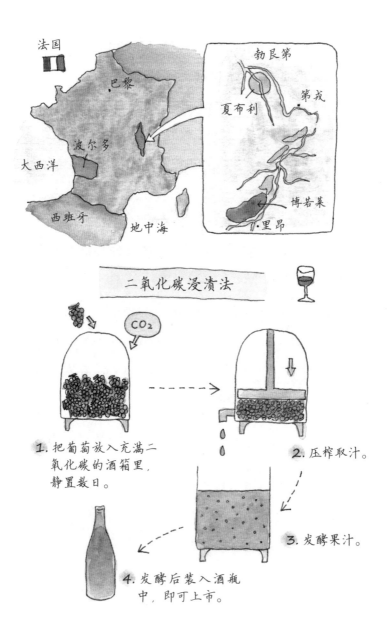

法国

巴黎

大西洋

波尔多

西班牙

地中海

勃艮第

夏布利

第戎

博若莱

里昂

二氧化碳浸渍法

CO₂

1. 把葡萄放入充满二氧化碳的酒箱里，静置数日。

2. 压榨取汁。

3. 发酵果汁。

4. 发酵后装入酒瓶中，即可上市。

1. 将鸡肉切成大块，胡萝卜切成
   适口大小，洋葱切成丝。

2. 将步骤 1 中的食材和
   肉桂、红葡萄酒混
   合在一起，放入冰
   箱中腌渍一晚。

3. 取出步骤 2 中腌制的鸡肉，沥
   干水分后将鸡肉裹上小麦粉，
   红酒留锅中备用。在平底锅中
   放入黄油，等黄油加热后放入
   大蒜，将鸡肉倒入锅中煎一下。

4. 将步骤 2 剩下的红葡萄
   酒和食材倒入锅中，开
   小火慢炖 30~40 分钟。

完成

5. 撒上盐和胡椒粉，这
   道菜就完成了！

西班牙葡萄酒+西班牙海鲜饭

食材（2人份）

洋葱	1/2颗
彩椒	2颗
青椒	1颗
番茄	1个
大蒜	1瓣
鸡肉	100g
蛤蜊（去沙）	6个
大米	360g
橄榄油	适量
盐、黑胡椒粉	适量

汤料

水	400ml
白葡萄酒	100ml
固体高汤	1块
盐	1小勺

炎热的夏天、潮湿的梅雨季最适合喝冰镇的白葡萄酒了。

说起口感清爽的白葡萄酒，除了意大利白葡萄酒就当属与之齐名的西班牙白葡萄酒了。像意大利和葡萄牙等酿酒历史悠久的国家，葡萄酒大多都是用本土品种酿制而成的。

本土葡萄品种指的是很久以前就在这片土地上栽培的葡萄品种，拥有这片土地的风土所展现出来的特性。与本土品种相对的是"国际品种"，指的是世界各国都使用的葡萄品种，比如法国波尔多地区的赤霞珠、长相思；勃艮第地区的黑皮诺、霞多丽等。这些葡萄也是世界各地用于酿造葡萄酒的主要葡萄品种。

我在超市里发现了一款产自西班牙的白葡萄酒"Marques de Tena Merseguera-Sauvignon Blanc"。这款葡萄酒使用了巴伦西亚的本土葡萄莫赛格拉（Merseguera）以及国际品种长相思酿制而成。莫赛格拉属于非常小众的葡萄品种，加入长相思，有辣味且清爽的口感。这款葡萄酒会呈现苹果和桃子的香气，酸味和甜味绝妙平衡，余味清冽爽口。我给这款白葡萄酒搭配了同一地区的本地菜肴——西班牙海鲜饭。

我把这款西班牙白葡萄酒加入了制作海鲜饭的汤料中。大米的软硬程度按个人喜好调整蒸米时的用水量即可。

西班牙

法国

马德里

巴伦西亚产区

葡萄牙

Marques de Tena
Merseguera-Sauvignon Blanc
白葡萄酒

产地：西班牙巴伦西亚产区
葡萄品种：莫赛格拉、长相思

1. 用盐和黑胡椒粉腌渍鸡肉。将洋葱、大蒜切成碎末，彩椒和青椒切成细长条，番茄切成小丁。

2. 将做汤用的食材混合均匀。

3. 将橄榄油倒入平底锅中，再将腌好的鸡肉、彩椒和青椒放进锅中翻炒后盛出备用。

4. 在锅中倒入橄榄油并加热，放入大蒜、洋葱翻炒，最后放入大米翻炒。

5. 将步骤2中的汤和步骤3中的鸡肉、彩椒和青椒等倒入锅中，加入蛤蜊和番茄丁。

6. 盖上锅盖，开小火焖煮约15分钟，关掉火再焖15分钟即可出锅。

完成

菜肴

迷你葡萄酒+迷你卡尔佐内

食材（2~3人份）

饺子皮（大片）	20张
芝士片	3~4片
火腿或小香肠	4~5根
比萨酱	适量
橄榄油	适量

每年三四月是适合户外活动的季节，可以去公园赏樱花或者去野餐，这个时候在户外游玩的项目非常多。如果在户外想喝葡萄酒，我推荐非常适合户外活动的葡萄酒"Marie Louise Parisot"。这是一款法国葡萄酒，有赤霞珠红葡萄酒和霞多丽白葡萄酒两种，每瓶都是250ml，只有正常规格750ml的三分之一。红葡萄酒有黑莓的香味，口感新鲜，单宁的味道也很饱满。白葡萄酒是干型酒，有葡萄柚的酸味，口感令人舒爽惬意。为搭配这两款葡萄酒，我做了迷你卡尔佐内，也就是迷你比萨饺。

　　这道菜做法非常简单，只需在平底锅里放一些橄榄油，然后把饺子皮两面煎至焦黄就行了。饺子皮以外的食材用冰箱里现有的就可以。酥脆的口感还能提升葡萄酒的美味。请把喜欢的食材包进去，试着做一做吧。

　　在赏樱花的时候，把红葡萄酒和白葡萄酒混合在一起调制的桃红葡萄酒跟樱花更配。

　　我们来了解一下桃红葡萄酒的四种酿造方法。

　　放血法——这是桃红葡萄酒的一般制法。像酿制红葡萄酒一样，把红葡萄整颗放入酒桶中，静置几天后只取出果汁，再把果汁发酵。

直接压榨法——压榨红葡萄，只对果汁进行发酵。

混合酿造法——把红葡萄和白葡萄混合在一起进行发酵。

混调法——在白葡萄酒中混调红葡萄酒。

欧洲地区更遵守传统桃红葡萄酒的酿造方法，所以当地人很少用混调法调制桃红葡萄酒，不过混调法在法国香槟地区是十分常见的。

巴黎

勃艮第地区

波尔多地区

产地：法国

Marie Louise Parisot
迷你葡萄酒（250ml）

霞多丽　赤霞珠

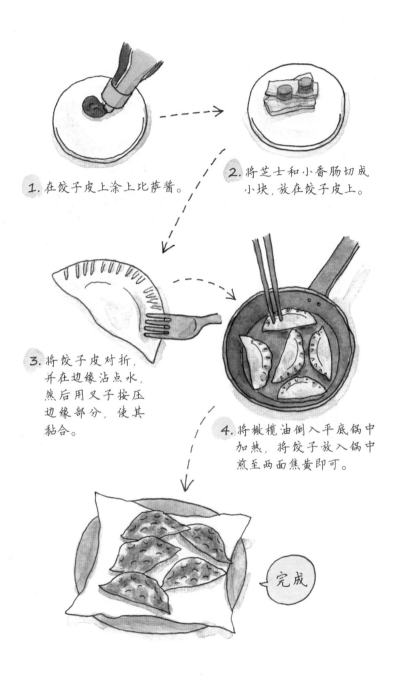

1. 在饺子皮上涂上比萨酱。

2. 将芝士和小香肠切成小块，放在饺子皮上。

3. 将饺子皮对折，并在边缘沾点水，然后用叉子按压边缘部分，使其黏合。

4. 将橄榄油倒入平底锅中加热，将饺子放入锅中煎至两面焦黄即可。

完成

菜肴

智利葡萄酒+味噌酱汁炸猪排

食材（3人份）

猪肉	300g
鸡蛋	1个
面包粉	适量
小麦粉	适量
盐、黑胡椒粉	适量
玉米油	适量

味噌酱汁

红味噌	3大勺
白砂糖	3大勺
甜料酒	3大勺
葡萄酒	3大勺
水	3大勺
高汤	1小勺
熟芝麻	1大勺

智利位于南美大陆的西侧，属于地中海气候，降水少，昼夜温差大，环境很适宜种植葡萄。

我偶然一次去超市买到了一瓶智利红葡萄酒，产于智利著名酒庄——干露酒庄，叫作"Casa Subercaseaux Merlot"。这款葡萄酒使用梅洛酿制而成。法国波尔多右岸地区的酒庄里也经常使用梅洛，和波尔多的赤霞珠比起来，这款酒口感更加圆润醇香。

这款葡萄酒喝起来有黑樱桃的香气，果实气息浓郁，但酒体不会感觉很厚重。我决定用味噌酱汁炸猪排来搭配这款葡萄酒。

要把味噌酱汁浇在炸好的猪排上，如果没时间也可以买现成的炸猪排，再浇上味噌酱汁。把味噌酱汁浇在酥脆的炸猪排上，再搭配红葡萄酒，几种食材的味道之间互不影响，而且葡萄酒的单宁适中，还可以品尝出猪肉的甘甜，这种搭配让人回味无穷。味噌和芝士一样，都是发酵食品，两者搭配起来别有风味。如果味噌酱汁有剩余，还可以用来炒蔬菜或者做酱烤茄子等。

Casa Subercaseaux
Melot 红葡萄酒

产地：智利
酒庄：干露酒庄
葡萄品种：梅洛

1. 将调好的味噌酱汁放入锅中，开小火，一边搅拌，一边熬煮备用。

2. 将猪肉块切成大块，并撒上盐和黑胡椒粉。

3. 将猪肉一层一层裹上小麦粉、蛋液和面包粉。

4. 裹好后放入 180℃ 的热油中炸至两面金黄。

完成

5. 炸好后将大块的猪排切成适口大小，浇上味噌酱汁即可。

菜肴

意大利新酒+德式土豆

食材（2人份）

土豆	3个
洋葱	1/2颗
小香肠	5根
大蒜	1瓣
盐、黑胡椒粉	少许
欧芹碎	适量
橄榄油	1大勺
芝士粉	1大勺

意大利新酒（novella）的开售日为每年10月30日，相当于博若莱新酒开售日的预热。

博若莱新酒是用法国勃艮第博若莱地区的佳美葡萄酿制而成的。"novella"在意大利语中有"新酒""刚做好"的意思，使用的葡萄品种没有限定。这些葡萄都采摘自气候适宜的产区，其特有的凝练口感仿佛爆浆的果实一般，可以让你感受到专属意大利风味的口感。

在意大利新酒中，我一直比较中意的是"Farnese vino Novello"。这款酒产于亚得里亚海沿岸的阿布鲁佐区。法尼丝酒庄（Farnese）是意大利阿布鲁佐产区最著名的酒庄之一，它凭借高品质、高性价比的葡萄酒荣获了许多奖项。这款意大利葡萄酒的酒瓶也很时尚，喝起来能品尝出莓果、草莓等果实凝聚在一起的香气。这款酒非常适合大家在聚会的时候开心畅饮。

阿布鲁佐盛产意式腊肠和小香肠。我用橄榄油和芝士制作了简单可口的德式土豆，用来搭配这款葡萄酒。这道菜不仅可以当作前菜，最重要的是可以用冰箱里的常备食材，想做的时候立马就能做，特别方便。

Farnese vino Novello
红葡萄酒

米兰

佛罗伦萨

罗马

意大利
阿布鲁佐

亚得里亚海

那不勒斯

产地：意大利
葡萄品种：蒙特布查诺
（Montepulciano）、
桑娇维塞

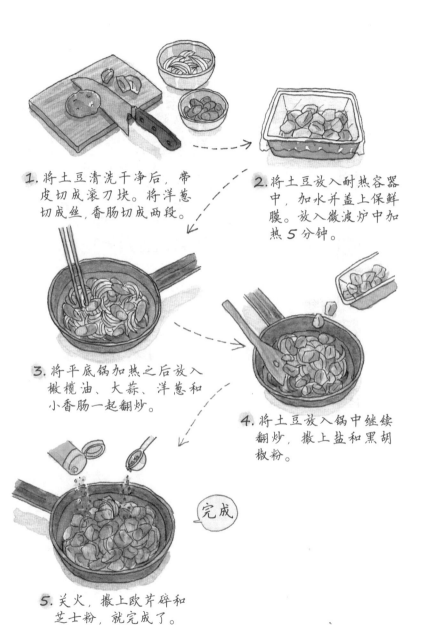

1. 将土豆清洗干净后，带皮切成滚刀块。将洋葱切成丝，香肠切成两段。

2. 将土豆放入耐热容器中，加水并盖上保鲜膜。放入微波炉中加热 5 分钟。

3. 将平底锅加热之后放入橄榄油、大蒜、洋葱和小香肠一起翻炒。

4. 将土豆放入锅中继续翻炒，撒上盐和黑胡椒粉。

完成

5. 关火，撒上欧芹碎和芝士粉，就完成了。

秘制烤牛肉+葡萄酒酱汁

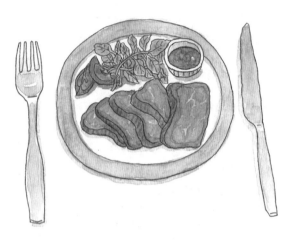

食材（2~3人份）

牛肉	400g
盐、黑胡椒粉	适量

酱汁

酱油	3大勺
甜料酒	3大勺
葡萄酒	2大勺
醋	1大勺
洋葱	1/2个
生姜	1片

在外就餐吃烤牛肉感觉特别美味，要是自己做，很多人又会犹豫，感觉用烤箱烤牛肉很难。其实，烤牛肉制作起来很简单。我之前一直用烤箱烤牛肉，不管怎么做，牛肉烤得又干又硬，家人也说不好吃。

有一次，我吃了朋友家的烤牛肉，不仅软嫩而且饱满紧致，让我回味无穷！于是我向朋友请教具体做法，他告诉我用平底锅把牛肉煎过以后，放入拉链保鲜袋中，然后隔水加热。隔水加热只需要往电饭煲里倒入煮沸的热水，将密封在保鲜袋中的牛肉放入水中，然后按下保温按钮保温30分钟，之后从电饭煲里把牛肉拿出来冷却就可以了。用煎过肉的平底锅做葡萄酒酱汁，再浇在烤牛肉上就可以愉快地享用了。

制作过程中，需要注意三点。第一点，将牛肉放置到常温；第二点，用平底锅把牛肉煎至变色，锁住肉汁的美味；第三点，从电饭煲里取出牛肉后要立即用冷水去除余热。只要做好这三点，就能做出软嫩又美味的烤牛肉了。这道烤牛肉比牛排更柔软，孩子们也爱吃。如果不喜欢半熟的牛肉，可以在电饭煲里多放10分钟。烤牛肉可以搭配清爽的红葡萄酒、桃红葡萄酒，葡萄酒酱汁比较偏日式风味，很适合配着小菜一起吃，用来搭配药酒也非常不错。

秘制烤牛肉

1. 在电饭煲里倒入煮沸的热水，按下保温开关。

2. 待牛肉放置到常温，将盐、黑胡椒粉揉进肉里。

3. 开大火，用平底锅煎牛肉，锁住肉汁。

4. 将煎好的牛肉放入拉链式保鲜袋并密封好，浸泡在步骤1的电饭煲里保温30分钟。

5. 将牛肉取出后迅速放进冷水里，去除余热。

完成

6. 将牛肉切厚片，
装入盘中。

葡萄酒酱汁

7. 将洋葱和生姜磨成泥。

8. 将做葡萄酒酱汁的材料放
入平底锅里，稍微熬煮
一会。

完成

9. 将葡萄酒酱汁浇在烤牛肉
上，即可享用。

菜肴

意大利葡萄酒+芝士焗培根芦笋

食材（2人份）

芦笋 ⋯⋯⋯⋯⋯⋯⋯⋯ 6根
培根 ⋯⋯⋯⋯⋯⋯⋯⋯ 3片
土豆 ⋯⋯⋯⋯⋯⋯⋯⋯ 1个
芝士 ⋯⋯⋯⋯⋯⋯⋯⋯ 适量
盐、黑胡椒粉 ⋯⋯⋯⋯ 适量

春夏交替的时候，最适合喝口感清爽的白葡萄酒。在气温开始回升的初夏时节，我最想喝的就是意大利白葡萄酒。

　　"Coop Italia"的白葡萄酒产于意大利东北部的艾米利亚－罗马涅区。该区的首府是博洛尼亚，素以意式肉酱面闻名。这款葡萄酒用艾米利亚－罗马涅区的签约农户种植的葡萄酿制而成。白花的香气中还有葡萄柚的清新口感，是一款极具意大利风格的白葡萄酒。

　　艾米利亚－罗马涅区也被称为"美食圣地"，除了肉酱面、生火腿、意式腊肠、芦笋等也非常有名。接下来我教大家做一道用时令芦笋做成的简单小菜。

　　芦笋最好选择细长的，将土豆切成长条状，土豆和芦笋要提前用微波炉加热一下，这样可以缩短食材在平底锅中翻炒的时间。芦笋培根卷是孩子们很喜欢的一道菜肴，撒上芝士焗一下，这道菜立刻就会变成下酒小菜。

产地：意大利

酒庄：齐维科（Cevico）

葡萄品种：特雷比安诺（Trebbiano）

米兰

艾米利亚 –
罗马涅区

佛罗伦萨

罗马

Coop Italia
白葡萄酒

特雷比安诺

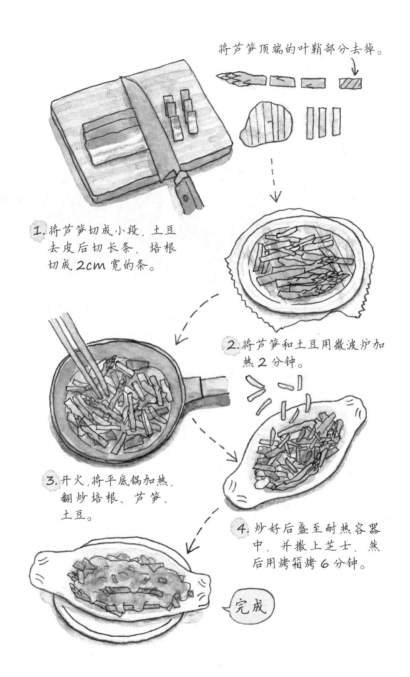

将芦笋顶端的叶鞘部分去掉。

1. 将芦笋切成小段，土豆去皮后切长条，培根切成2cm宽的条。

2. 将芦笋和土豆用微波炉加热2分钟。

3. 开火，将平底锅加热，翻炒培根、芦笋、土豆。

4. 炒好后盛至耐热容器中，并撒上芝士，然后用烤箱烤6分钟。

完成

圣诞热红酒

食材（3人份）

红葡萄酒	375ml
橙汁（纯果汁）	200ml
橙子	1/2颗
肉桂	1根
丁香	5粒
白砂糖	1大勺

热红酒是欧洲圣诞节的经典饮品，圣诞节的时候在超市也可以买到。做法很简单，红葡萄酒里放入水果、香辛料，煮沸即可。一边喝着热腾腾的葡萄酒，一边准备圣诞节要用的食材和圣诞树的装饰品，简直完美。因为葡萄酒里添加了香辛料，喝完之后全身都会暖和起来，很适合在寒冷的冬季饮用。

我用的是产自澳大利亚的"彩虹鹦鹉赤霞珠（Rainbow Lorikeet Cabernet Sauvignon）"，这款酒有黑樱桃的香味，单宁和涩味也恰到好处，可以尝出所酿酒的葡萄产自好年份。这款葡萄酒的产地是在阿德莱德近郊的巴罗萨谷。

我做的是3人份的量。如果用的是整瓶葡萄酒，水果和香辛料也要相应增加一倍。如果不会喝酒，可以把葡萄酒煮沸，酒精就会全部挥发掉。用小火煮5分钟，就能立刻饮用了。如果再泡上一晚，香辛料和水果的香味会更加浓郁。

印度洋

太平洋

悉尼

巴罗萨谷

阿德莱德

产地：澳大利亚

Rainbow Lorikeet
Cabernet Sauvignon
红葡萄酒

1. 将葡萄酒和橙汁倒入锅中。

2. 将橙子切成片。

3. 将橙子片、肉桂、丁香、白砂糖放进锅里，用小火煮 5 分钟。

完成

4. 倒入杯中，即可饮用。

智利干白葡萄酒+西班牙蒜油牡蛎

食材（2人份）

牡蛎	1盒
杏鲍菇	2个
橄榄油	150ml
大蒜	2瓣
红辣椒	1个
盐、黑胡椒粉	少许

牡蛎是适合在冬季吃的美味，提到和牡蛎相搭配的葡萄酒，我首先想到的是法国勃艮第的干型白葡萄酒"夏布利"。夏布利是用霞多丽酿制的日常餐酒，深受青睐。我用的是产自智利的干型白葡萄酒"Santa Helena Alpaca Chardonnay Semillon"。

这款葡萄酒由霞多丽和赛美蓉混酿而成。霞多丽是勃艮第地区的葡萄品种，赛美蓉是波尔多地区的葡萄品种。法国的葡萄酒法令管制严格，几乎见不到这样混酿的葡萄酒。这也是新世界葡萄酒特有的有趣之处。这款酒口感醇香、辣度适中，很适合搭配菜肴饮用。

我最喜欢用这款酒搭配西班牙蒜油牡蛎。这道经典的西班牙菜肴主要是用橄榄油和大蒜煮牡蛎，也可以用贝类或者章鱼。

这道菜和葡萄酒搭配在一起，使酒和菜肴的味道更加鲜明，非常美味。剩下的酱汁可以和意大利面一起做成香辣海鲜意大利面，这样又多了一道可享用的美食。

霞多丽是法国勃艮第地区
的主要葡萄品种。

赛美蓉是法国波尔多地
区的主要葡萄品种。

 Santa Helena Alpaca
Chardonnay Semillon
干型白葡萄酒

产地：智利
酒庄：圣海伦娜酒庄（Santa Helena）
葡萄品种：霞多丽、赛美蓉

1. 将牡蛎清洗干净，用厨房纸吸干水分。

2. 将大蒜和杏鲍菇切成薄片。

3. 将橄榄油、大蒜、红辣椒放入锅中，开小火翻炒。

4. 待大蒜炒出香味后，将杏鲍菇、牡蛎放入锅中，用小火煮 10 分钟。

完成

5. 撒上盐和黑胡椒粉，这道菜就做好了。

菜肴

霞多丽干白葡萄酒+锡纸烤三文鱼

食材（2人份）

三文鱼 ····················· 2块
土豆 ······················· 2个
洋葱 ······················· 1/2颗
芝士（融化） ············· 2大勺
蛋黄酱 ····················· 4小勺
盐、黑胡椒粉 ············· 适量

木桥（Red Wood）是来自美国加利福尼亚的葡萄酒品牌，红葡萄酒和白葡萄酒都有，口感很好，价格也很亲民。其中，木桥干型白葡萄酒（Red Wood Chardonnay）用原产于美国加州的霞多丽酿造而成。

法国勃艮第地区的霞多丽酸味十分尖锐，美国的霞多丽则不同，口感较为柔和，呈现出热带水果、洋梨、黄油烤吐司的香气，果实味和酸味的平衡感好。法国的霞多丽辣度适中，美国的霞多丽则辣味更重。我想为这款酒做的配菜是锡纸烤三文鱼。

因为白葡萄酒的口感饱满而且紧致，我在三文鱼上加上了蛋黄酱和芝士，让味道变得更浓郁一些。而且孩子们也很喜欢这样的搭配，不仅可以当作下酒菜，也很适合作为米饭的配菜。我是用烧烤架做的烤鱼，也可以用平底锅。如果用平底锅，需要往锅里加适量的水，然后盖上锅盖蒸煮15分钟。土豆吸足了蛋黄酱和三文鱼的香味，松软热乎，很适合用来搭配葡萄酒。这道菜用家里现有的食材就可以做，简单方便。

Red Wood Chardonnay

干型白葡萄酒

产地：美国加州
葡萄品种：霞多丽

美国90%的葡萄酒产于
加利福尼亚州。

加拿大

美国

旧金山

加利福尼亚州

洛杉矶

墨西哥

1. 将洋葱切丝备用，土豆去皮切成 **1cm** 的厚片，用保鲜膜包好，放入微波炉里加热 **1** 分钟。

2. 在锡纸上先后叠放上洋葱、土豆片和三文鱼。

3. 在三文鱼的上面放上蛋黄酱和芝士。

4. 将锡纸包好，用烤箱烤 **12** 分钟。

完成

菜肴

土豆泥＋叠烧肉末＝牧羊人派

食材

土豆泥

土豆	500g
黄油（无盐）	125g
牛奶（温）	250ml
盐	少许

叠烧肉末

肉末	150g
洋葱	1/2颗
面包糠	适量
胡椒盐	适量
黄油	适量

今天我介绍的"土豆泥"是我曾经在看电视的时候跟法国料理界巨匠、米其林三星主厨乔尔·侯布匈（Joel Robuchon）学的一道菜肴。

土豆泥的制作方法很简单，把土豆带皮煮熟，牛奶加热后倒入土豆泥里，侯布匈先生在土豆泥里加了大量的黄油，也可以根据自己的口味调整黄油的用量。

我家孩子特别喜欢吃土豆泥，土豆泥中的黄油我只放了一半的量。用土豆泥和叠烧肉末做的牧羊人派，全家人都爱吃。

肉末调味要简单，用烤面包大小的火力把肉烤出颜色即可。侯布匈先生已经把土豆泥这道家庭料理提升到了高级法式餐厅配菜的地位，而我又重新让这道菜回到日常餐桌上，想来也是有趣。土豆泥搭配叠烧肉末做成的牧羊人派香气非常浓郁，用红葡萄酒、白葡萄酒或者桃红葡萄酒来搭配牧羊人派都很适宜。

土豆泥

① 将土豆带皮放入 **1L** 的
水中煮**30~40**分钟。(水
中放 **10g** 盐)

②. 将土豆去皮、捣碎。
黄油切丁备用。

用勺子给
土豆剥皮。

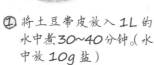

③. 将黄油和温牛奶少量多次
地加进土豆泥中，每次都
要充分地搅拌均匀。

④ 用滤网过滤土豆
泥，再重新放回
锅中加热。

完成

⑤ 用勺子做出花纹。

叠烧肉末

⑥ 在锅中加入黄油，放入切
成碎末的洋葱和肉末翻炒，
撒上盐和黑胡椒粉。

⑦ 在耐热容器里涂上黄油，
然后按照土豆、肉末、
土豆的顺序叠放。

土豆
肉末
土豆

⑧ 上面铺一层面包糠，
小火烤至面包糠变
焦黄。

完成

菜肴

智利白葡萄酒＋面包糠裹烤三文鱼

食材（1人份）

三文鱼……………1条
面包糠……………2大勺
混合香料……………1小勺
橄榄油……………2大勺
盐、黑胡椒粉…………适量

秋季的三文鱼十分美味。盐烤三文鱼非常好吃，不过我家的固定菜肴是面包糠裹烤三文鱼。

　　制作这道菜有一样最重要的东西，那就是专门做鱼肉的混合香料。这种混合香料里面有牛至、百里香、罗勒、薄荷等几种香料。几种香料单独购买价格昂贵，用混合香料就能做面包糠裹烤三文鱼，方便又实惠。而且这种混合香料里面没有放盐，能用来调多种口味，这一点我也很喜欢。

　　这道菜我专门搭配了产自智利的白葡萄酒"RIO ALTO"。这款葡萄酒有花香的口感，呈现青苹果清新爽口的水果香气，还有让人愉悦的青柠味，是一款很适合搭配三文鱼的葡萄酒。

　　如果觉得三文鱼切片很麻烦，也可以用三文鱼刺身。把三文鱼放入耐热容器里，撒上面包糠烤6分钟即可，特别简单。把面包糠烤得酥脆会更好吃。可以按照个人喜好在上面挤上柠檬汁或酸橙汁，搭配葡萄酒会更美味。

RIO ALTO Classic
白葡萄酒

原产地：智利

葡萄品种：长相思

SPICE FACTORY
香料包 - - - ➤

做鱼专用的
混合香料。

1. 将三文鱼先切成 3 大片，再切成方便食用的大小。

2. 在耐热容器里放橄榄油，然后把三文鱼并排摆放进容器里。

3. 将面包糠、混合香料、黑胡椒粉、盐放进碗里，搅拌均匀。

4. 将步骤 3 中搅拌好的面包糠均匀地涂抹在三文鱼上，最后淋上橄榄油。

完成

5. 用烤箱烤 6 分钟，即可食用。

礼仪

在餐厅饮用葡萄酒的禁忌和礼仪
（后附洋葱挞做法）

　　如果喜欢葡萄酒，就要了解饮用葡萄酒的禁忌和礼仪。在前面我向大家介绍了如何在家中饮用葡萄酒，这里我要介绍的是在餐厅里饮用葡萄酒的禁忌和礼仪。

　　需要注意的是，要尽量避免使用香水或香烟等，这些味道过重的物品会干扰葡萄酒的香气。

　　当葡萄酒端上餐桌的时候，首先要确

认酒标，检查一下是不是自己点的葡萄酒。通常，在高档餐厅用餐时，侍酒师会先帮客人在杯子里倒一点酒，待客人闻闻香气并品尝后，如果确认葡萄酒没有问题，便可以跟侍酒师说："请给我来这瓶酒。"

品酒的时候不需要晃动酒杯或者在品尝时发出声音，只需确认侍酒师没有拿错酒以及酒没有变质即可。一般情况下，客人不能因为"不喜欢酒的味道"这样的理由要求换酒。

如果葡萄酒出现软木塞味、臭鸡蛋味，或者葡萄醋的酸味，这就是味道异常的葡萄酒。如果你感觉酒的味道有些奇怪，但又不太确定，可以请侍酒师帮忙品酒，并询问侍酒师的意见。

在侍酒师倒酒的时候，不要用手触碰酒杯，酒杯放在桌子上。如果习惯性伸手，机智又不失礼貌的做法是把手轻轻地放在酒杯底座。

干杯的时候不要发出酒杯相碰的声音。特别是在高档的餐厅中，使用的大多是高级酒杯，酒杯杯口质地轻薄，一不小心就会破损。正确的方式是共饮者互相轻轻点头示意，然后举起酒杯。如果是比较日常的聚会，直接配合主办人就可以了。

此外，还要注意的一点是不要自己给自己添酒，需要添酒的时候可以举手示意侍酒师。另外，示意侍酒师不用添酒的时候，只需轻轻地把手放在酒杯上即可。了解了这些禁忌和礼仪，接下来要做的就是享用美味的葡萄酒了！在餐厅饮用葡萄酒的礼仪很多，各国的做法也不尽相同，所以无须太过刻意，只要能好好享用葡萄酒就好。

有种说法是"豪华的餐桌上要搭配起泡酒"，所以我做了一道和起泡酒很搭的洋葱挞。洋葱挞的做法简单、味道可口，非常推荐。比萨饼是从超市里买的没有配料的面饼，最好选用小尺寸、较薄的面饼。炒洋葱和培根的香气浓郁，茅屋芝士味道清爽，搭配在一起堪称完美。

品酒

1. 确认酒标，主要是产国、产地、品种、生产者、年份等。

2. 如果侍酒师把拔下来的酒塞递给你，你可以闻一下酒塞的味道，确认没有异味。

3. 侍酒师把葡萄酒倒进酒杯后，拿起酒杯闻闻香气。

4. 试饮后如果没问题，就告诉侍酒师："请给我来这瓶酒。"

干杯的时候酒杯不要相互碰撞。

葡萄酒倒在酒杯三分之一处。

不要自己给自己添酒，特别是女性。

示意侍酒师不用添酒的时候，轻轻地把手放在酒杯上。

侍酒师给自己倒酒时，不用端起酒杯。可以轻轻用手扶着酒杯的底部。

229

食材（2人份）

洋葱 ········ 1颗（中等大小）

培根 ···················· 100g

茅屋芝士 ················ 200g

鸡蛋 ························ 1个

比萨饼 ····················· 2张

盐、黑胡椒粉 ··········· 适量

洋葱挞

1. 将洋葱和培根切成细条。

2. 将洋葱和培根放进锅里翻炒至变色。

3. 把茅屋芝士和鸡蛋放入锅中，撒上黑胡椒粉和盐，翻炒混合。

4. 将做好的馅料放在比萨饼上，放入200℃的烤箱里烤15分钟，洋葱挞就做好了！

图书在版编目（ＣＩＰ）数据

爱上葡萄酒 / （日）Tamy著；陈昕璐译. —— 南京：
江苏凤凰文艺出版社，2022.2
ISBN 978-7-5594-6500-9

Ⅰ.①爱… Ⅱ.①T…②陈… Ⅲ.①葡萄酒 – 基本知
识 Ⅳ.①TS262.6

中国版本图书馆CIP数据核字(2021)第273224号

_____

版权局著作权登记号：图字 10-2021-185

爱上葡萄酒

[日]Tamy 著　陈昕璐 译

责任编辑　王昕宁

特约编辑　周晓晗

责任印制　刘　巍

出版发行　江苏凤凰文艺出版社

　　　　　南京市中央路165号，邮编：210009

网　　址　http:// www.jswenyi.com

印　　刷　天津联城印刷有限公司

开　　本　880毫米×1230毫米　1/32

印　　张　7.75

字　　数　145千字

版　　次　2022年2月第1版

印　　次　2022年2月第1次印刷

书　　号　ISBN 978-7-5594-6500-9

定　　价　52.00元

江苏凤凰文艺版图书凡印刷、装订错误，可向出版社调换，联系电话025- 83280257